中国互联网站与移动应用现状及其安全报告（2023）

主办单位　中国互联网协会

合作单位　深圳市腾讯计算机系统有限公司
阿里云计算有限公司
北京梆梆安全科技有限公司
恒安嘉新(北京)科技股份公司
网宿科技股份有限公司
天津市国瑞数码安全系统股份有限公司

·南京·

图书在版编目(CIP)数据

中国互联网站与移动应用现状及其安全报告. 2023 / 陈家春主编. -- 南京：河海大学出版社，2023.11

ISBN 978-7-5630-8527-9

Ⅰ. ①中… Ⅱ. ①陈… Ⅲ. ①互联网络－网络安全－研究报告－中国－2023 Ⅳ. ①TP393.08

中国国家版本馆 CIP 数据核字(2023)第 219810 号

书　　名　中国互联网站与移动应用现状及其安全报告(2023)
书　　号　ISBN 978-7-5630-8527-9
责任编辑　龚　俊
特约编辑　丁寿萍
特约校对　梁顺弟
封面设计　槿容轩　张育智　周彦余
出　　版　河海大学出版社
地　　址　南京市西康路 1 号(邮编:210098)
网　　址　http://www.hhup.com
电　　话　(025)83737852(总编室)　(025)83722833(营销部)
经　　销　江苏省新华发行集团有限公司
排　　版　南京布克文化发展有限公司
印　　刷　南京工大印务有限公司
开　　本　787 毫米×1092 毫米　1/16
印　　张　6
字　　数　122 千字
版　　次　2023 年 11 月第 1 版
印　　次　2023 年 11 月第 1 次印刷
定　　价　298.00 元

中国互联网站与移动应用现状及其安全报告(2023)

编　委　会

前　言

国家法律法规规定，我国对经营性互联网信息服务实行许可制度，对非经营性互联网信息服务实行备案制度。根据法律法规授权，为了落实相关的规定，国家在实践中形成了以工业和信息化部ICP/IP地址/域名信息备案管理系统为技术支撑平台的中国网站管理公共服务电子政务平台，中国境内的接入服务商所接入的网站，必须通过备案管理系统履行备案，从而实现对中国网站的规模化管理和提供相应的服务。

为进一步落实和加强政府信息公开化要求，向社会提供有关中国互联网站发展水平及其安全状况的权威数据，从中国网站的发展规模、组成结构、功能特征、地域分布、接入服务、安全威胁和安全防护等方面对中国网站发展作出分析，引导互联网产业发展与投资，保护网民权益及财产安全，提升中国互联网站安全总体防护水平，在工业和信息化部等主管部门指导下，依托备案管理系统中的相关数据，以及相关互联网接入企业及互联网安全企业的研究数据，中国互联网协会发布《中国互联网站与移动应用现状及其安全报告(2023)》。

目前互联网在中国的发展已进入一个新时期，云计算、大数据、移动互联网、网络安全等技术业务应用迅猛发展，报告的发布会对中国互联网发展布局提供更为科学的指引，为政府管理部门、互联网从业者、产业投资者、研究机构、网民等相关人士了解和掌握中国互联网站总体情况提供参考，是政府开放数据大环境下的有益探索和创新。

中国互联网协会长期致力于中国网站发展的研究，连续多年发布《中国互联网站发展状况及其安全报告》，旨在通过网站大数据展示和解读中国互联网站发展状况及其安全态势，促进中国互联网健康有序发展。

报告的编写和发布得到了政府、企业和社会各界的大力支持，在此一并表示感谢。因能力和水平有限，不足之处在所难免，欢迎读者批评指正。

术语界定

网站：

网站是指使用ICANN顶级域（包括国家和地区顶级域、通用顶级域）注册体系下独立域名的web站点，或没有域名只有IP地址的web站点。如果有多个独立域名或多个IP指向相同的页面集，视为同一网站，独立域名下次级域名所指向的页面集视为该网站的频道或栏目，不视为网站。

中国互联网站（简称“中国网站”）：

中国互联网站是指中华人民共和国境内的组织或个人开办的网站。

域名：

域名（Domain Name），是指由一串用点分隔的名字组成，用于在互联网上进行数据传输时标识联网计算机的电子方位（有时也指地理位置），与该计算机的互联网协议（IP）地址相对应，是互联网上被最广泛使用的互联网地址。

IP地址：

IP地址就是给连接在互联网上的主机分配的一个网络通信地址，根据其地址长度不同，分为IPv4和IPv6两种地址。

网站分类：

通过分布式网络智能爬虫，高效采集网站内容信息，基于机器学习技术和SVM等分类算法，构建行业网站分类模型，然后利用大数据云计算技术实现对海量网站的行业类别判断分析，结合人工研判和修订，最终确定网站分类。

数据来源：

工业和信息化部ICP/IP地址/域名信息备案管理系统。

数据截止日期：

2022年12月31日。

目　录

第一部分　2022年中国网站发展概况 …… 1

（一）中国网站数量稍有下降 …… 1

（二）网站接入市场形成相对稳定的格局，市场集中度进一步提升 …… 1

（三）中国网站区域发展不协调、不平衡，区域内相对集中 …… 1

（四）中国网站主办者中“企业”举办的网站仍为主流，占比持续增长 …… 2

（五）“.com”“.cn”“.net”在中国网站主办者使用的已批复域名中依旧稳居前三 …… 2

（六）中文域名中“.中国”“.公司”“.网络”域名备案总量有所下降 …… 2

（七）专业互联网信息服务网站持续增长，出版类网站增幅最大 …… 3

第二部分　中国网站发展状况分析 …… 5

（一）中国网站及域名历年变化情况 …… 5

1. 中国网站总量及历年变化情况 …… 5

2. 注册使用的已批复独立域名及历年变化情况 …… 5

（二）中国网站及域名地域分布情况 …… 7

1. 中国网站地域分布情况 …… 7

2. 注册使用的各类独立域名地域分布情况 …… 8

（三）中国涉及各类前置审批的网站历年变化及分布情况 …… 11

1. 涉及各类前置审批的网站历年变化情况 …… 11

2. 药品和医疗器械类网站历年变化及分布情况 …… 12

3. 文化类网站历年变化及分布情况 …… 12

4. 出版类网站历年变化及分布情况 …… 12

5. 新闻类网站历年变化及分布情况 …… 15

6. 广播电影电视节目类网站历年变化及分布情况 …… 17

（四）中国网站主办者组成及历年变化情况 …… 17

1. 中国网站主办者组成及历年变化情况 …… 17

2. 企业网站历年变化及分布情况 …… 17
3. 事业单位网站历年变化及分布情况 …… 20
4. 政府机关网站历年变化及分布情况 …… 22
5. 社会团体网站历年变化及分布情况 …… 22
6. 个人网站历年变化及分布情况 …… 22
（五）从事网站接入服务的接入服务商总体情况 …… 25
1. 接入服务商总体情况 …… 25
2. 接入网站数量排名前20的接入服务商 …… 26

第三部分 中国互联网ICP备案网站及域名分类统计报告 …… 29

（一）全国网站内容分析 …… 29
1. 按《国民经济行业分类》的网站情况 …… 29
2. 按《国民经济行业分类》的网站历年变化情况 …… 29
3. 按《国民经济行业分类》的域名情况 …… 30
4. 按《国民经济行业分类》的域名历年变化情况 …… 31
（二）制造业网站及域名情况 …… 32
1. 主体性质 …… 33
2. 域名接入商 …… 34
3. 域名访问量 …… 34
（三）信息传输、软件和信息技术服务业网站及域名情况 …… 35
1. 主体性质 …… 35
2. 域名接入商 …… 36
3. 域名访问量 …… 37
（四）租赁和商务服务业网站及域名情况 …… 37
1. 主体性质 …… 38
2. 域名接入商 …… 39
3. 域名访问量 …… 40
（五）文化、体育和娱乐业及域名情况 …… 40
1. 主体性质 …… 41
2. 域名接入商 …… 41
3. 域名访问量 …… 43
（六）教育网站及域名情况 …… 43
1. 主体性质 …… 43
2. 域名接入商 …… 43

3. 域名访问量 …… 46
(七) 科学研究和技术服务业网站及域名情况 …… 46
1. 主体性质 …… 46
2. 域名接入商 …… 47

第四部分 全国移动应用概况 …… 49

(一) APP 资产总量统计 …… 49
(二) APP 分布区域概况 …… 49
(三) APP 上线渠道分布 …… 50
(四) 各类型 APP 占比分析 …… 50
(五) APP 开发(运营)企业分析 …… 51

第五部分 全国移动应用安全分析概况 …… 52

(一) 风险数据综合统计 …… 52
(二) 漏洞风险分析 …… 52
1. 各等级漏洞概况 …… 52
2. 各漏洞类型占比分析 …… 53
3. 存在漏洞的 APP 各类型占比分析 …… 53
4. 存在漏洞的 APP 区域分布情况 …… 54
(三) 盗版(仿冒)风险分析 …… 54
1. 盗版(仿冒)APP 各类型占比分析 …… 54
2. 盗版(仿冒)APP 渠道分布情况 …… 54
(四) 境外数据传输分析 …… 54
1. 境外 IP 地址分析 …… 55
2. 境外传输数据 APP 各类型占比分析 …… 56
(五) 个人隐私违规分析 …… 56
1. 个人隐私违规 APP 各类型占比分析 …… 57
2. 个人隐私违规 APP 各类型排行 …… 57
(六) 第三方 SDK 风险分析 …… 58
1. 第三方 SDK 概况 …… 58
2. 内置第三方 SDK 应用各类型占比分析 …… 59
(七) 应用加固现状分析 …… 59
1. 应用加固概况 …… 59
2. 各类型应用加固占比分析 …… 59

第六部分 安全专题…… 61

(一)中国移动互联网应用安全加固情况分析 …… 61
1. 加固应用占比情况…… 61
2. 加固应用占比变化情况…… 61
3. 具体加固方案分布情况…… 62
4. TOP10 加固方案详情 …… 62
(二)DDoS 攻防态势观察 …… 63
1. 攻击分布呈现两极分化,云平台治理初见成效;300 Gbps 以上大流量攻击数量提升 29.6% …… 63
2. 大流量攻击峰值达到 2.08 Tbps,相比 2021 年同期增长 56.8%;全年有 9 个月攻击峰值超过 T 级别 …… 63
3. 资源耗尽型攻击持续处于高水位 …… 64
4. 海外 DDoS 攻击态势严峻 …… 65
5. UDP 协议利用仍为主要攻击手段,占比达到 47% …… 65
6. 互联网行业中的数据服务、基础设施及服务、游戏是 DDoS 攻击的重灾区…… 66
7. 僵尸网络混合攻击成为主流 …… 66
8. 海外"肉鸡"数量大幅激增 …… 67
9. 典型事件复盘…… 67
(三)Web 应用攻击数据解读…… 70
1. 高危 Web 漏洞持续爆发 …… 70
2. API 已成为黑产攻击的头号目标 …… 70
3. 传统 WAF 防护无法覆盖多样化的安全威胁 …… 70
4. WAAP 是全面保护 Web 应用的有效手段 …… 70
(四)深度伪造换脸诈骗研究…… 71
1. 深度伪造技术原理及诈骗实现流程 …… 72
2. 深度伪造生成工具介绍…… 74
3. 私有化换脸模型训练生成及成本分析 …… 78
4. 深度伪造对抗及防范…… 81
(五)总结 …… 82

第一部分　2022 年中国网站发展概况[①]

中国网站经过几十年的建设发展，已经日趋成熟，政府和市场在网站高速发展的同时，对网站备案的准确性和规范性提出了更高的要求，近两年工业和信息化部相继开展了一系列专项行动，清理过期、不合规域名，注销空壳网站，核查整改相关主体资质证件信息，清理错误数据，规范接入服务市场，开展互联网信息服务备案用户真实身份信息电子化核验试点工作等，进一步落实网络实名管理要求，扎实有效地推进了互联网站的健康有序发展。2022 年，中国网站规模保持稳定，网站数量稍有下降，但网站备案的准确率和有效性进一步提升，中国网站的发展和治理逐步规范化，更有力地保障了政府对网站的监管和互联网行业的健康发展。

（一）中国网站数量稍有下降

截至 2022 年 12 月底，中国网站总量达到 383.01 万个，较 2021 年降低 27.17 万个，其中企业主办网站 306.74 万个、个人主办网站 59.13 万个。为中国网站提供互联网接入服务的接入服务商 1 501 家，网站主办者达到 277.88 万个；中国网站所使用的独立域名共计 384.96 万个，每个网站主办者平均拥有网站 1.38 个，每个中国网站平均使用的独立域名 1.01 个。全国提供药品和医疗器械、新闻、文化、广播电影电视节目、出版等专业互联网信息服务的网站 2.91 万个。

（二）网站接入市场形成相对稳定的格局，市场集中度进一步提升

一是从事网站接入服务业务的市场经营主体稳步增长，2022 年全国新增的从事网站接入服务业的市场经营主体 42 家。二是互联网接入市场规模和份额已相对稳定。民营企业是网站接入市场的主力军，3 家基础电信企业直接接入的网站仅为中国网站总量的 5.93%。接入网站数量排名前 20 的接入服务商只有 3 家为基础电信企业，其余均为民营接入服务商企业，接入网站数量占比达到 83.86%，民营接入服务商发展持续提升。三是接入市场集中度较高。截至 2022 年底，十强接入服务商接入网站 306.46 万个，占中国网站总量的 76.10%，总体接入市场比例超过 2/3。

（三）中国网站区域发展不协调、不平衡，区域内相对集中

与中国经济发展高度相似，中国网站在地域分布上呈现东部地区多、中西部地区少的发展格局，区域发展不协调、不平衡的问题较为突出。截至 2022 年底，东部

---

① 本书所统计的中国互联网站及其相关数据未包括香港特别行政区、澳门特别行政区和台湾地区的数据。

地区网站占比 68.65%，中部地区占比 17.44%，西部地区占比 13.90%[①]。无论从网站主办者住所所在地统计，还是从接入服务商接入所在地统计，东部地区网站主要分布在广东、北京、江苏、上海、山东、浙江(除北京外均为沿海地区)，中部地区网站主要分布在河南、安徽和湖北，西部地区网站主要集中分布在四川、陕西和重庆。

(四) 中国网站主办者中"企业"举办的网站仍为主流，占比持续增长

在 383.01 万个网站中，"企业"举办的网站达到 306.74 万个，占中国网站总量的 80.09%，占比较 2021 年下降 0.54 个百分点。主办者性质为"个人"的网站 59.13 万个，占中国网站总量的 15.44%。主办者性质为"事业单位"和"社会团体"的网站较 2021 年底有所减少，主办者性质为"政府机关"和"民办非企业单位"的网站较 2021 年底有所增加。中国网站主办者组成情况见图 1-1。

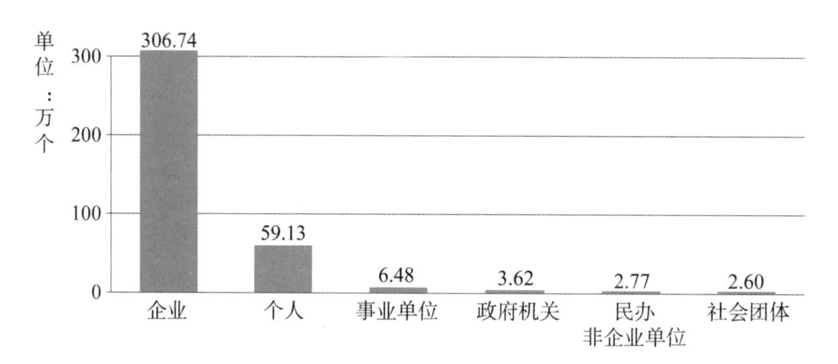

图 1-1　中国网站主办者组成情况(截至 2022 年 12 月底)

数据来源：中国互联网协会　2022 年 12 月

(五) ".com"".cn"".net"在中国网站主办者使用的已批复域名中依旧稳居前三

在中国网站注册使用的 384.96 万个已批复通用域名中，注册使用".com"".cn"".net"域名的中国网站数量仍最多，使用数量占通用域名总量的 89.57%。截至 2022 年 12 月底，".com"域名使用数量最多，达到 235.29 万个，较 2021 年底减少了 25.58 万个；其次为".cn"和".net"域名，各使用 93.26 万个和 16.27 万个，".cn"域名较 2021 年底减少了 6.97 万个，".net"域名较 2021 年底减少了 2.21 万个。中国网站注册使用的各类通用域占比情况如图 1-2 所示。

(六) 中文域名中".中国"".公司"".网络"域名备案总量有所下降

截至 2022 年底，全国共报备中文域名 28 类，总量为 45 387 个，占已批复顶级域名总量的 1.18%。".中国"的域名数量最多，为 21 380 个，其次为".网址"和".公

---

① 由于百分数取小数点后两位有效数字，故各数字之和可能不是 100%，下同。

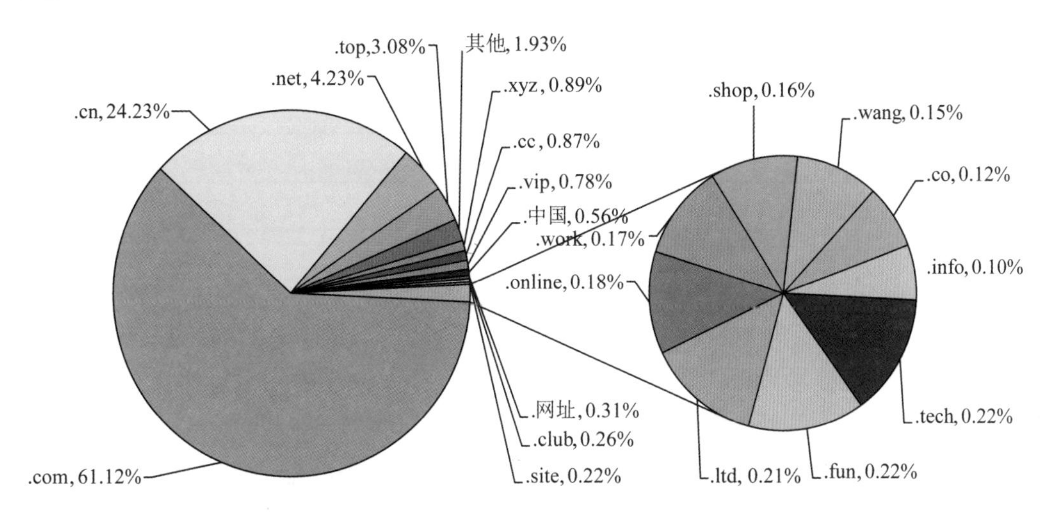

图 1-2　中国网站注册使用的各类通用域占比情况(截至 2022 年 12 月底)

数据来源:中国互联网协会　2022 年 12 月

司”,各报备 11 815 个和 3 075 个。各类中文域名报备占比情况如图 1-3 所示。

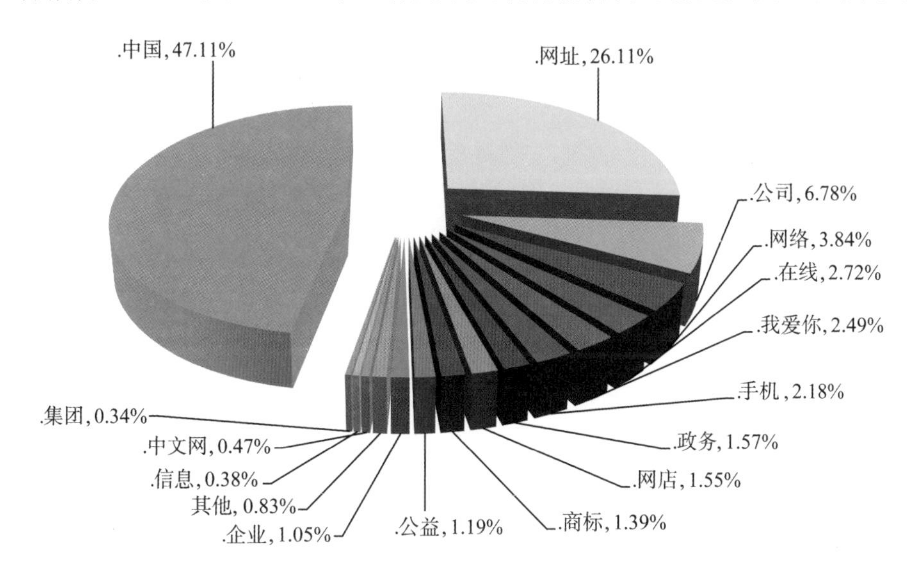

图 1-3　各类中文域名报备占比情况(截至 2022 年 12 月底)

数据来源:中国互联网协会　2022 年 12 月

(七) 专业互联网信息服务网站持续增长,出版类网站增幅最大

截至 2022 年 12 月底,专业互联网信息服务网站共计 29 087 个,主要集中在药品和医疗器械、文化等行业和领域,在新闻、广播电影电视节目、出版、互联网金融、网络预约车等行业和领域的发展规模相对较小。较 2021 年底相比,药品和医疗器械、广播电影电视节目等专业互联网信息服务网站均有所增长,文化类网站有所下

降,其中出版类网站增幅最大,同比增长 25.70%。各类中国网站中涉及提供专业互联网信息服务的网站情况见图 1-4。

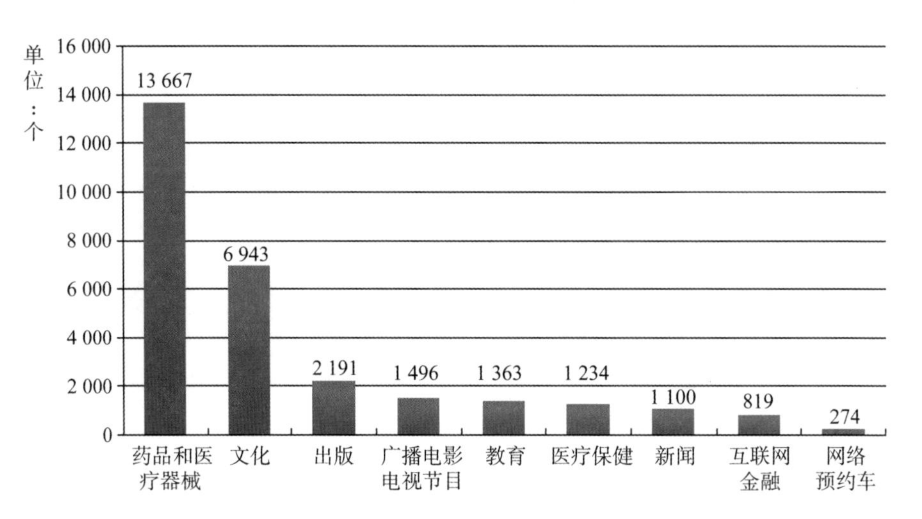

图 1-4　2022 年中国网站中涉及提供专业互联网信息服务的网站情况

数据来源:中国互联网协会　2022 年 12 月

第二部分　中国网站发展状况分析

本部分主要对中国网站总量、中国网站注册使用的域名、中国网站地域分布、专业互联网信息服务网站、中国网站主办者、从事网站接入业务的接入服务商等与中国网站相关的要素，从 2022 年全年和 2018—2022 年两个时间维度来统计分析其发展状况、地域分布及发展趋势。

(一) 中国网站及域名历年变化情况

1. 中国网站总量及历年变化情况

2022 年中国网站总量呈下降的趋势，截至 2022 年 12 月底达到 383.01 万个，具体月变化情况见图 2-1。

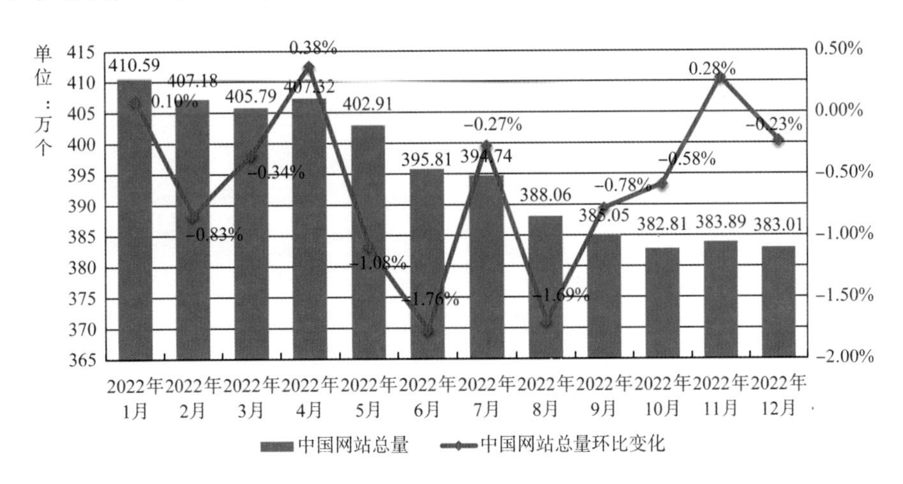

图 2-1　2022 年全年中国网站总量变化情况

数据来源：中国互联网协会　2022 年 12 月

从 2018—2022 年来看，中国网站总量呈下降的趋势。截至 2022 年 12 月底，中国网站总量达到 383.01 万个，较 2021 年底下降 27.17 万个，同比下降 6.62%，近五年变化情况见图 2-2。

2. 注册使用的已批复独立域名及历年变化情况

2022 年中国网站注册使用的各类独立顶级域名整体呈下降态势，2022 年 12 月底达到 384.96 万个。具体情况如图 2-3。

2022 年中国网站注册使用的独立域名数量最多的三类顶级域分别为“. com”、“. cn”和“. net”。三类域名数量 2022 年整体均呈下降态势，2022 年 12 月底“. com”、“. cn”和“. net”三类域名数量分别为 235.29 万个、93.26 万个和 16.27 万个。2022 年全年注册使用“.com”、“.cn”和“.net”三类域名数量具体月变化情况见图 2-4。

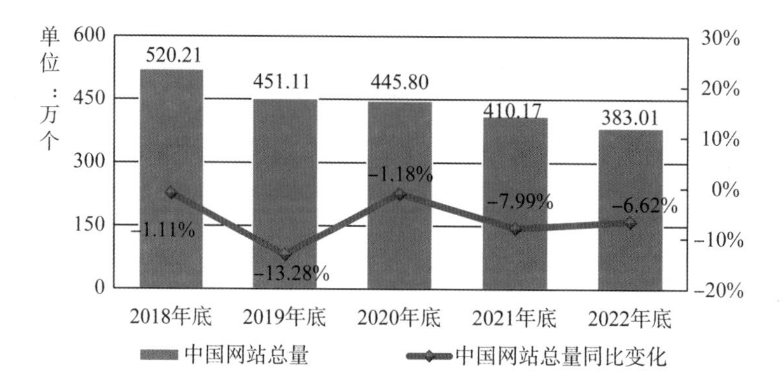

图 2-2 2018—2022 年中国网站总量变化情况

数据来源：中国互联网协会 2022 年 12 月

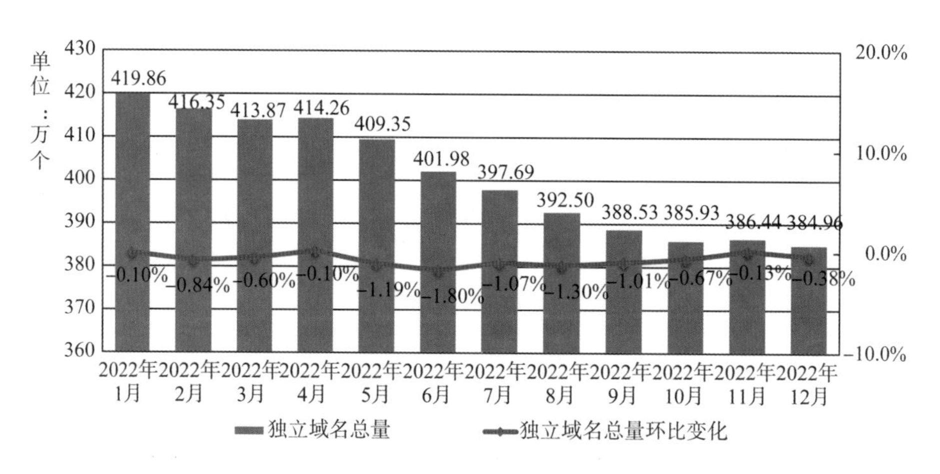

图 2-3 2022 年全年独立顶级域名总量变化情况

数据来源：中国互联网协会 2022 年 12 月

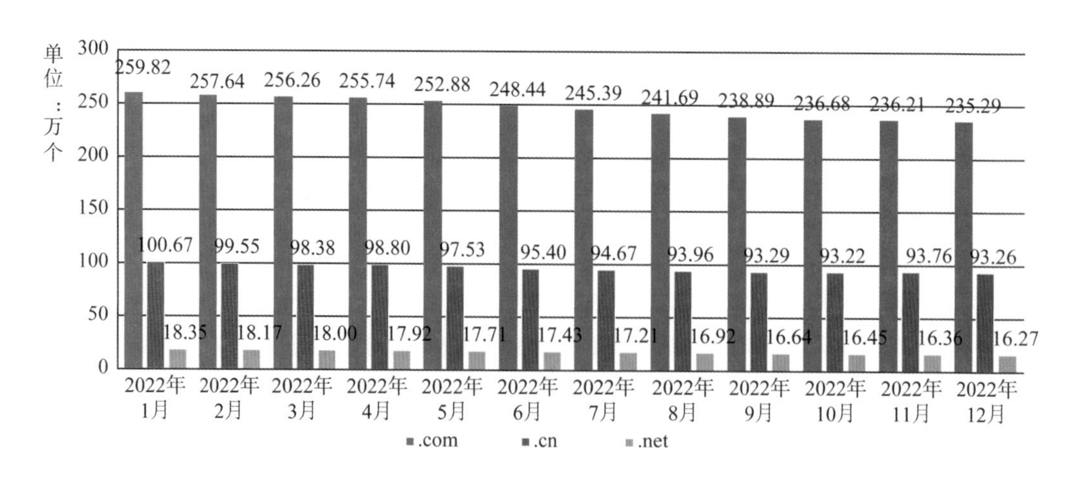

图 2-4 2022 年全年数量最多的三类独立顶级域名变化情况

数据来源：中国互联网协会 2022 年 12 月

2018—2022 年各类独立顶级域名数量呈逐渐下降态势，截至 2022 年 12 月底，中国网站注册使用的各类独立顶级域名 384.96 万个，较 2021 年底减少 35.34 万个，同比降低 8.41%。具体情况如图 2-5。

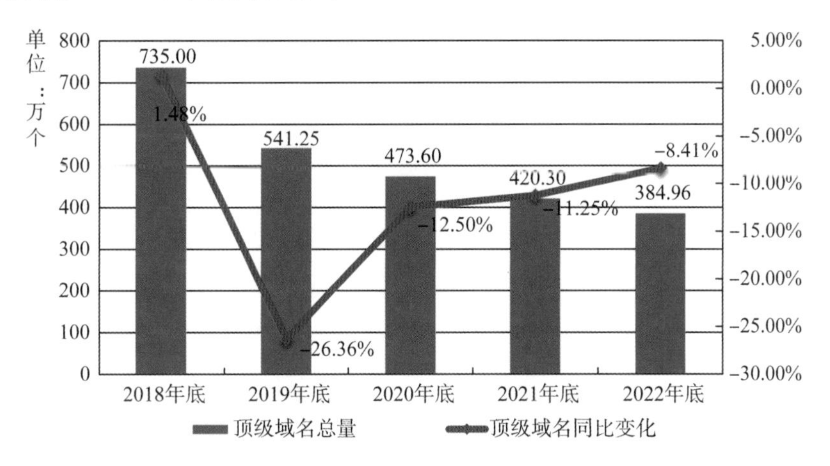

图 2-5　2018—2022 年独立顶级域名总量变化情况

数据来源：中国互联网协会　2022 年 12 月

2022 年中国网站注册使用的独立域名数量最多的三类顶级域分别为“. com”、“. cn”和“. net”。其中注册使用“. com”的独立域名 235.29 万个，较 2021 年底降低 25.59 万个；“. cn”域名 93.26 万个，较 2021 年底降低 6.97 万个；“. net”域名 16.27 万个，较 2021 年底降低 2.2 万个。具体情况如图 2-6。

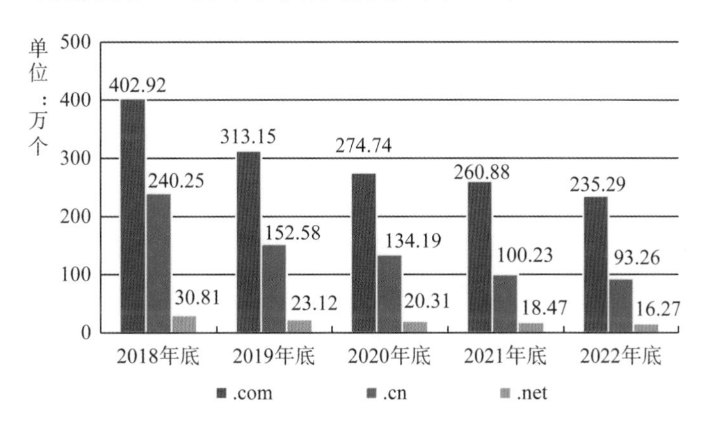

图 2-6　2018—2022 年数量最多的三类独立顶级域名变化情况

数据来源：中国互联网协会　2022 年 12 月

（二）中国网站及域名地域分布情况

1. 中国网站地域分布情况

东部地区网站发展远超中西部地区。按照网站主办者所在地统计，我国东部地区的 2022 年网站数量达到 262.94 万个，占中国总量的 68.65%。中部地区网站数量达到66.81万个，占中国总量的17.44%。西部地区网站数量达到53.26万个，占中国总量的13.90%。我国东部、中部及西部地区的网站分布情况及2018—2022年变化情况见图2-7和图2-8。

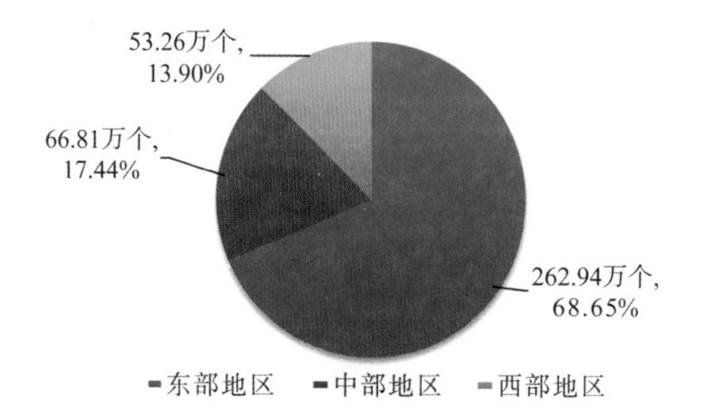

图2-7 2022年中国网站总量地域分布情况

数据来源：中国互联网协会 2022年12月

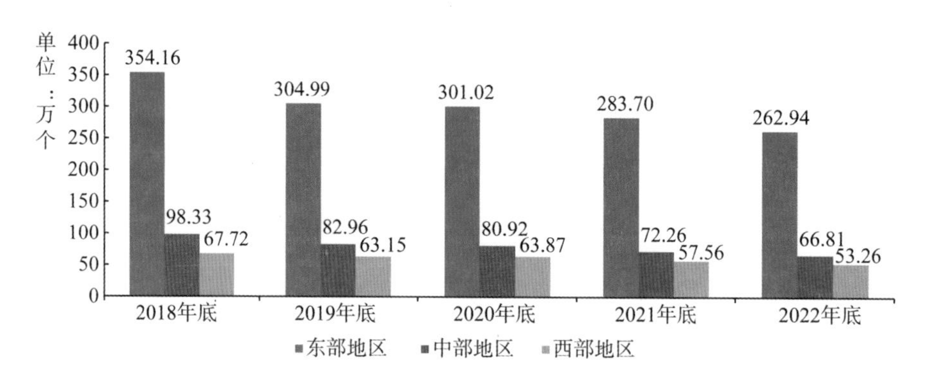

图2-8 2018—2022年中国网站总量地域分布变化情况

数据来源：中国互联网协会 2022年12月

截至2022年12月底，从各省(区、市)网站(按网站主办者住所所在地)总量的分布情况来看，广东省网站数量位居全国第一，达到60.68万个，占全国总量的15.84%。排名第2至第5位的地区分别为北京(38.70万个)、江苏(33.10万个)、上海(30.58万个)和山东(26.95万个)，上述五个地区的网站总量190.01万个，占中国网站总量的49.61%。属地内网站数量不足1万的地区有西藏(1 624个)、青海(4 173个)、宁夏(6 978个)、新疆(8 917个)。2021年和2022年中国网站总量在各省(区、市)的分布情况见图2-9。

2. 注册使用的各类独立域名地域分布情况

东部地区网站注册使用的独立域名数量远超中西部地区。我国东部地区网站注册使用的独立域名数量达到265.46万个，占中国网站注册使用的独立域名总量的68.96%。中部地区网站注册使用的独立域名数量达到67.03万个，占中国网站注册使用的独立域名总量的17.41%，西部地区网站注册使用的独立域名数量达到52.47

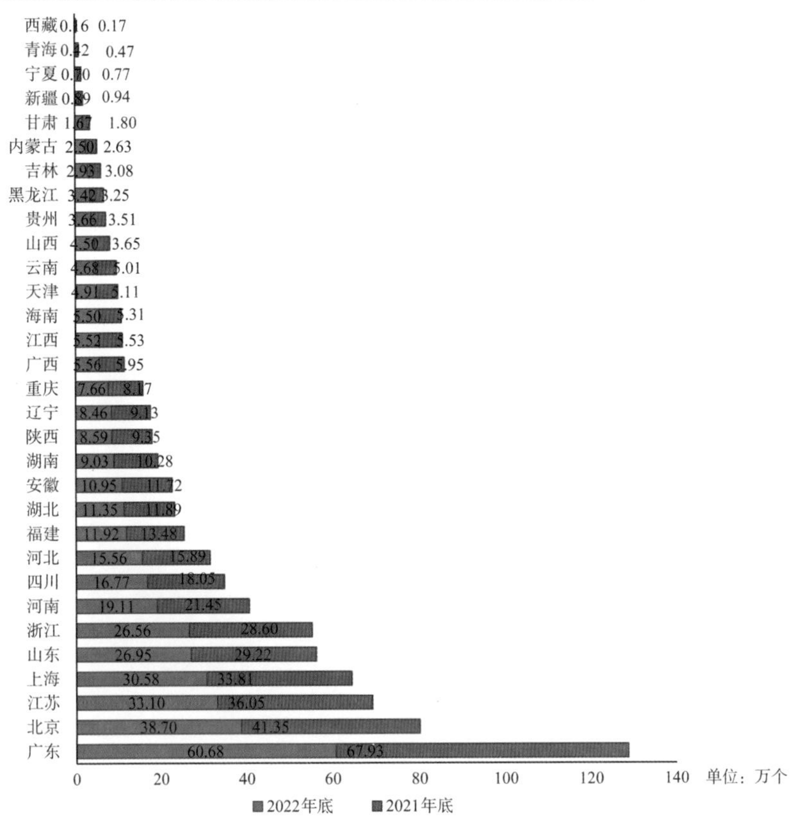

图 2-9　2021 年和 2022 年中国网站总量整体分布情况

数据来源：中国互联网协会　2022 年 12 月

万个，占中国网站注册使用的独立域名总量的 13.63%。我国东部、中部及西部地区网站注册使用的独立域名总量分布情况及 2018—2022 年变化情况见图 2-10 和图 2-11。

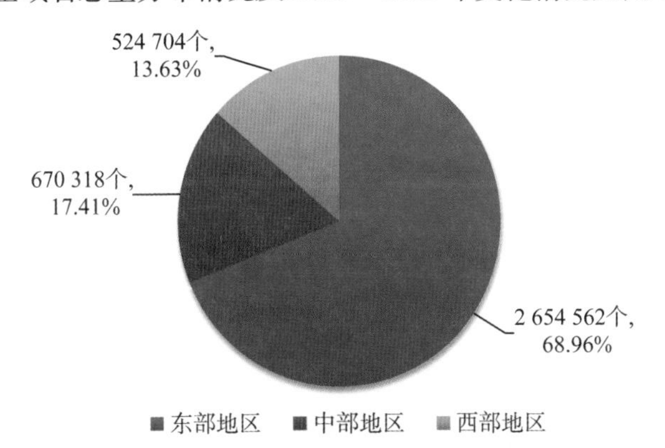

图 2-10　2022 年中国网站各类独立顶级域名总量地域分布情况

数据来源：中国互联网协会　2022 年 12 月

截至 2022 年 12 月底，从各省（区、市）网站注册使用的独立域名分布情况来看，广东省网站注册使用的独立域名数量位居全国第一，达到 60.12 万个，占全国独立域名总量的 15.62%。排名第 2 至第 5 位的地区分别为北京(39.01 万个)、江苏(33.14 万个)、上海(30.37 万个)和浙江(27.98 万个),上述五个地区的网站注册使用的独立域名数量 190.62 万个,占全国独立域名总量的 49.52%。注册使用独立域名数量不足 1 万个的地区有西藏(1 512 个)、青海(3 654 个)、宁夏(6 754 个)、新疆(8 950 个)。2021 年和 2022 年各省(区、市)网站注册使用的独立域名情况见图 2-12。

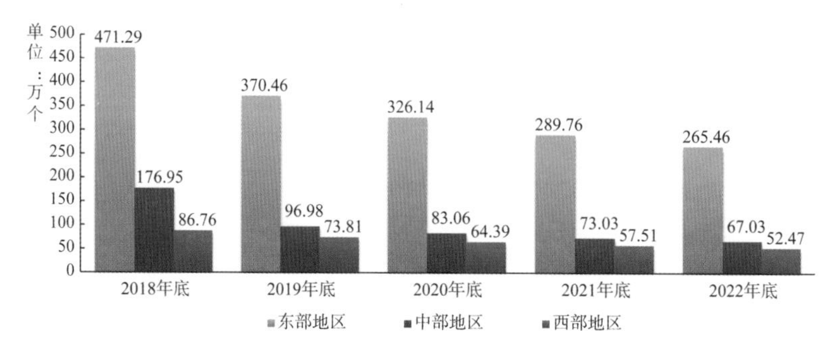

图 2-11　2018—2022 年中国网站各类独立顶级域名总量地域分布变化情况

数据来源:中国互联网协会　2022 年 12 月

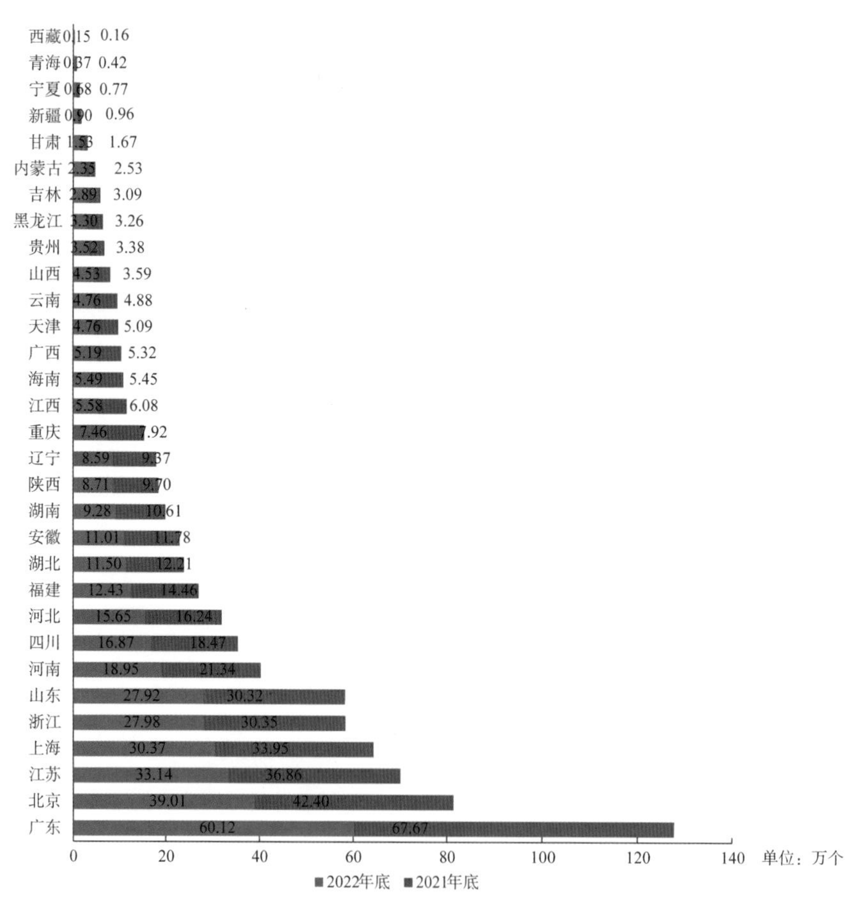

图 2-12　2021 年和 2022 年中国网站各类独立顶级域名总量整体分布情况

数据来源:中国互联网协会　2022 年 12 月

(三) 中国涉及各类前置审批的网站历年变化及分布情况

截至 2022 年 12 月底，全国涉及各类前置审批的网站达到 29 087 个，其中药品和医疗器械类网站 13 667 个，文化类网站 6 943 个，出版类网站 2 191 个，广播电影电视节目类网站 1 496 个，教育类网站 1 363 个，医疗保健类网站 1 234 个，新闻类网站 1 100 个，互联网金融类网站 819 个，网络预约车类网站 274 个。中国网站中涉及各类前置审批的网站情况如图 2-13 所示。

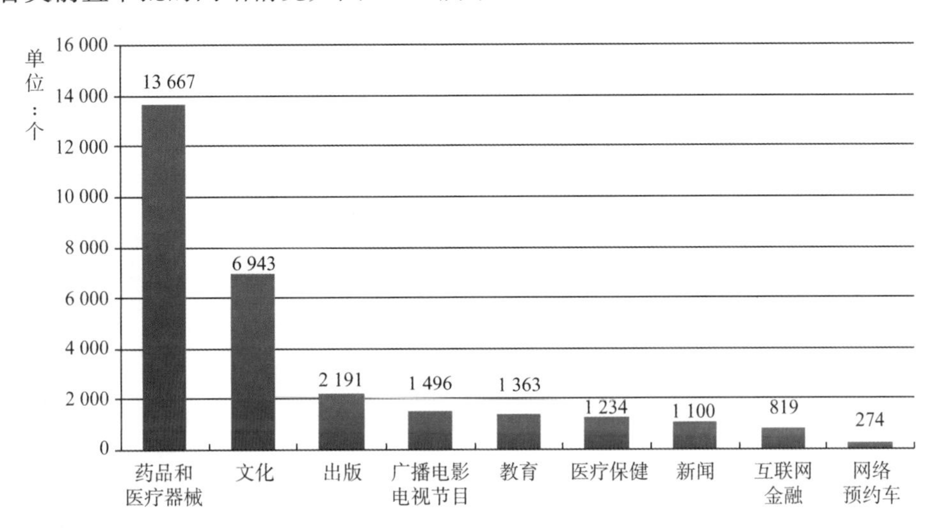

图 2-13　中国网站中涉及各类前置审批的网站情况(截至 2022 年 12 月底)

数据来源:中国互联网协会　2022 年 12 月

1. 涉及各类前置审批的网站历年变化情况

2020—2022 年全国涉及各类前置审批的网站具体变化情况见图 2-14。

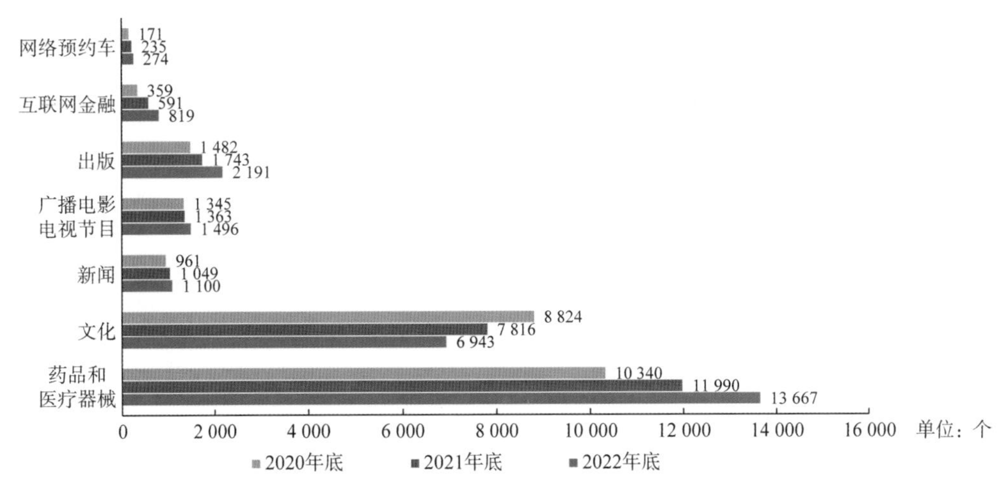

图 2-14　2020—2022 年全国涉及各类前置审批的网站具体变化情况

数据来源:中国互联网协会　2022 年 12 月

2. 药品和医疗器械类网站历年变化及分布情况

2018—2022 年,药品和医疗器械类网站逐年递增,截至 2022 年 12 月底,药品和医疗器械类网站共 13 667 个,较 2021 年底增长 1 677 个,同比增长 13.99%,具体情况见图 2-15。

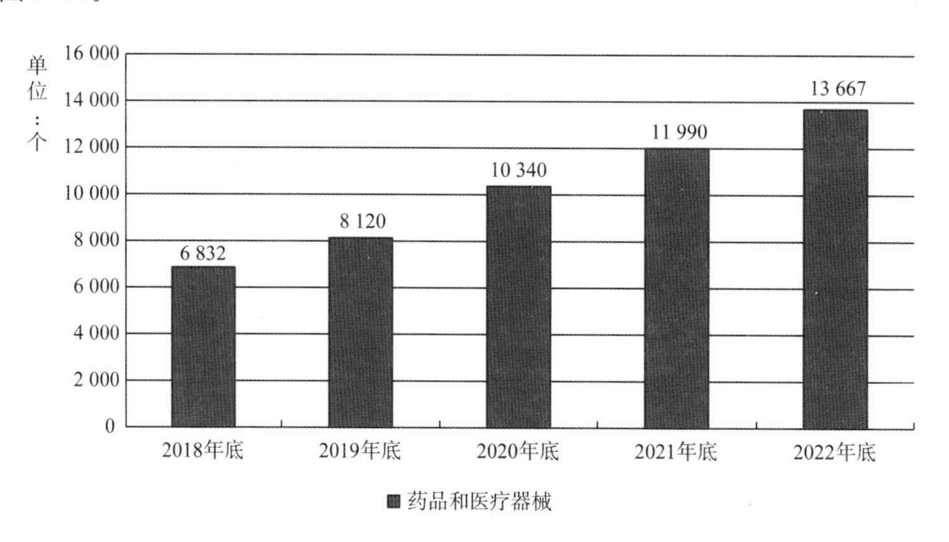

图 2-15　2018—2022 年药品和医疗器械类网站变化情况

数据来源:中国互联网协会　2022 年 12 月

从各省(区、市)的药品和医疗器械类网站分布情况来看,山东省药品和医疗器械类网站数量位居全国第一,达到 4 564 个,占全国药品和医疗器械类网站总量的 33.39%。排名第 2 至第 5 位的地区分别为广东(1 703 个)、四川(641 个)、湖北(607 个)和福建(577 个),上述五省药品和医疗器械类网站数量 8 092 个,占全国药品和医疗器械类网站总量的 59.21%。药品和医疗器械类网站在各省(区、市)的分布情况见图 2-16。

3. 文化类网站历年变化及分布情况

2018—2022 年,文化类网站呈先上升后下降趋势,截至 2022 年 12 月底,文化类网站达到 6 943 个,较 2021 年底减少 873 个,同比降低 11.17%,具体情况见图 2-17。

从各省(区、市)的文化类网站的分布情况来看,广东省文化类网站数量位居全国第一,达到 1 943 个,占全国文化类网站总量的 27.99%。排名第 2 至第 5 位的地区分别为浙江(911 个)、上海(602 个)、广西(534 个)和四川(404 个),上述五省(市)文化类网站数量 4 394 个,占全国文化类网站总量的 63.29%。文化类网站在各省(区、市)的分布情况见图 2-18。

4. 出版类网站历年变化及分布情况

近五年,出版类网站逐年递增,截至 2022 年 12 月底,出版类网站 2 191 个,较 2021 年底增长 448 个,同比增长 25.70%,具体情况见图 2-19。

从各省(区、市)的出版类网站分布情况来看,山东省出版类网站数量位居全国

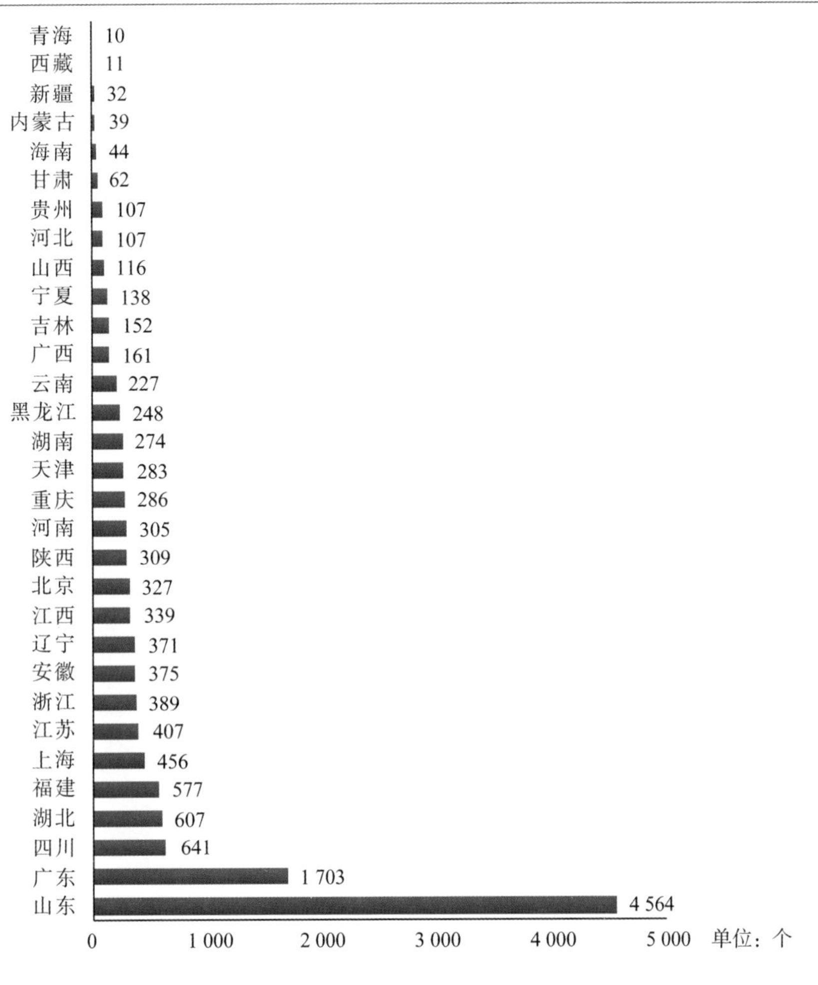

图 2-16　2022 年药品和医疗器械类网站分布情况

数据来源：中国互联网协会　2022 年 12 月

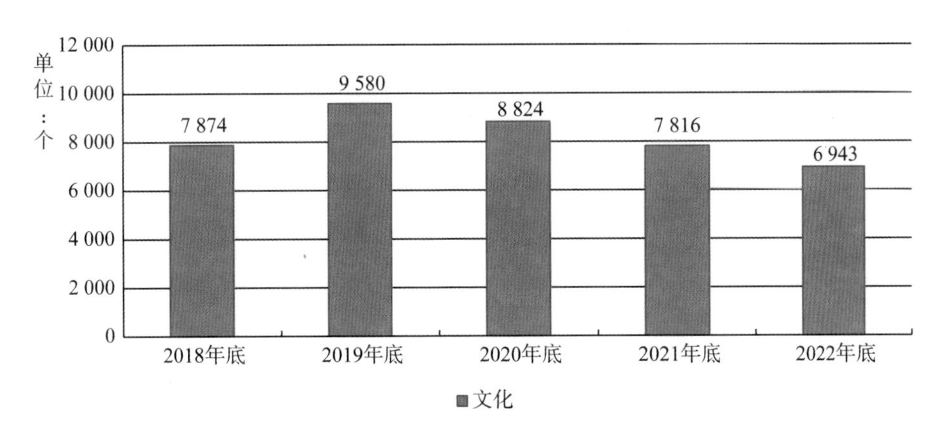

图 2-17　2018—2022 年文化类网站变化情况

数据来源：中国互联网协会　2022 年 12 月

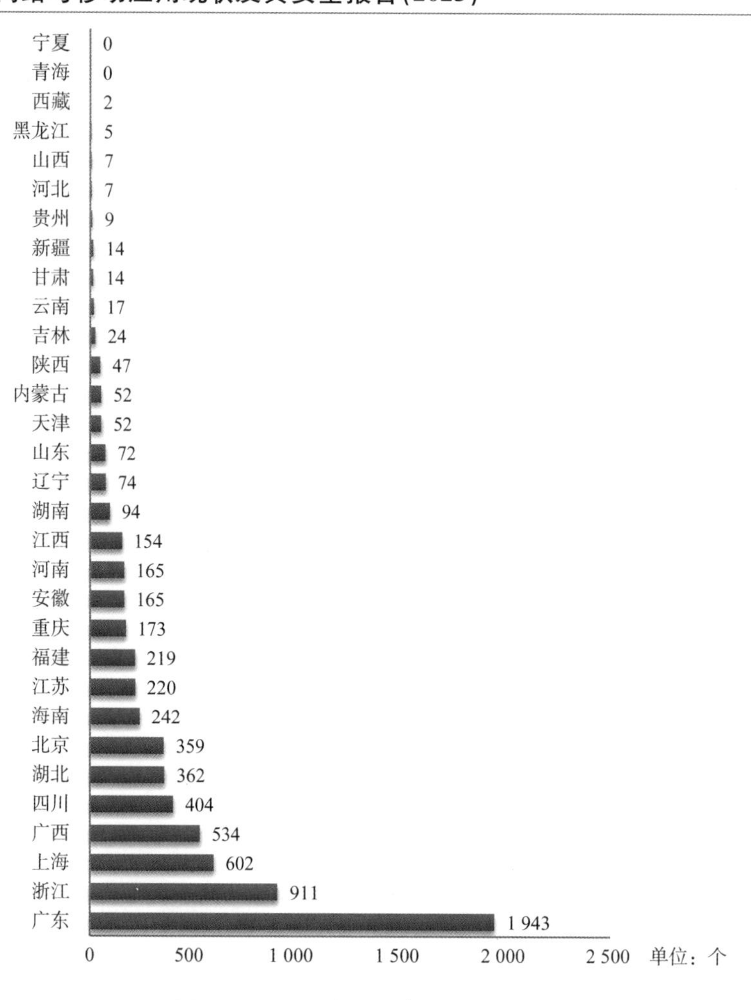

图 2-18　2022 年文化类网站分布情况

数据来源：中国互联网协会　2022 年 12 月

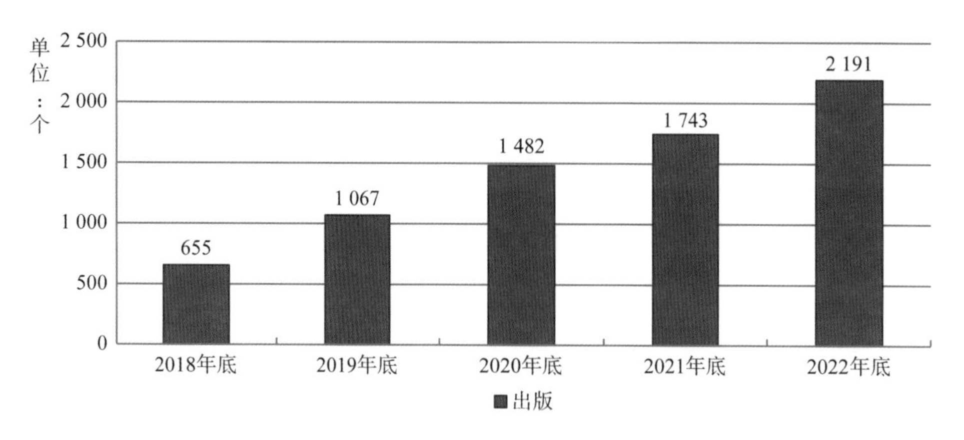

图 2-19　2018—2022 年出版类网站变化情况

数据来源：中国互联网协会　2022 年 12 月

第一，达到 1 078 个，占全国出版类网站总量的 49.20%。排名第 2 至第 5 位的地区分别为福建（178 个）、四川（127 个）、北京（81 个）和浙江（72 个），上述五省（市）出版类网站数量共计 1 536 个，占全国出版类网站总量的 70.10%。行政区域内尚无出版类网站的地区是西藏。出版类网站在各省（区、市）的分布情况见图 2-20。

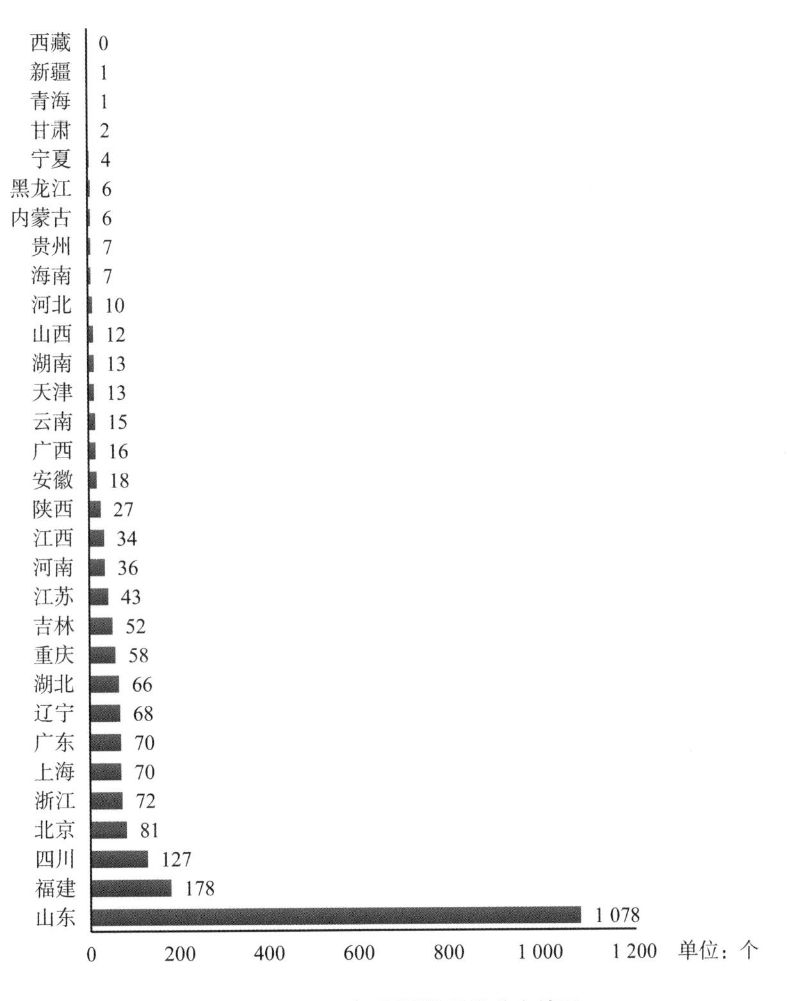

图 2-20　2022 年出版类网站分布情况

数据来源：中国互联网协会　2022 年 12 月

5. 新闻类网站历年变化及分布情况

2018—2022 年，新闻类网站整体呈上升趋势，截至 2022 年 12 月底，新闻类网站共 1 100 个，较 2021 年底增加 51 个，同比上升 4.86%，具体情况见图 2-21。

从各省（区、市）的新闻类网站分布情况来看，山东省新闻类网站数量位居全国第一，达到 92 个，占全国新闻类网站总量的 8.36%。排名第 2 至第 5 位的地区分别为内蒙古（89 个）、湖南（73 个）、云南（71 个）和广东（70 个），上述五省（自治区）新闻类网站数量共计 395 个，占全国新闻类网站总量的 35.91%。新闻类网站数量在各省（区、市）的分布情况见图 2-22。

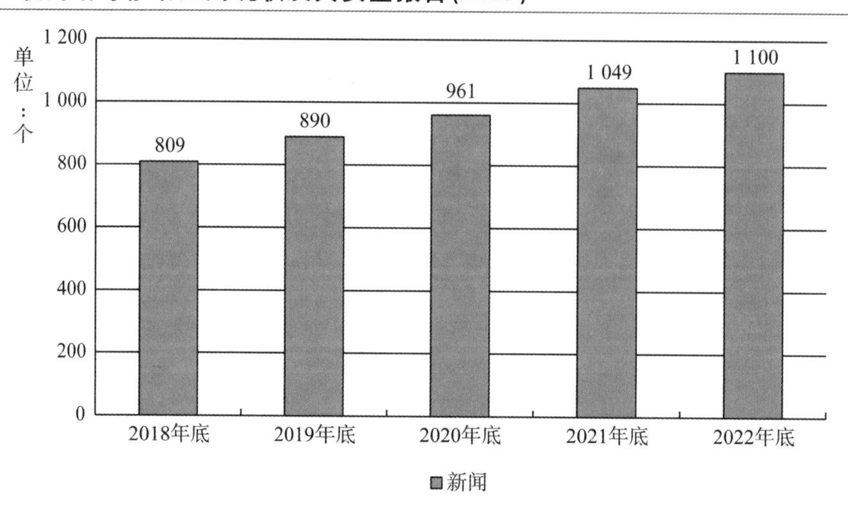

图 2-21　2018—2022 年新闻类网站变化情况

数据来源:中国互联网协会　2022 年 12 月

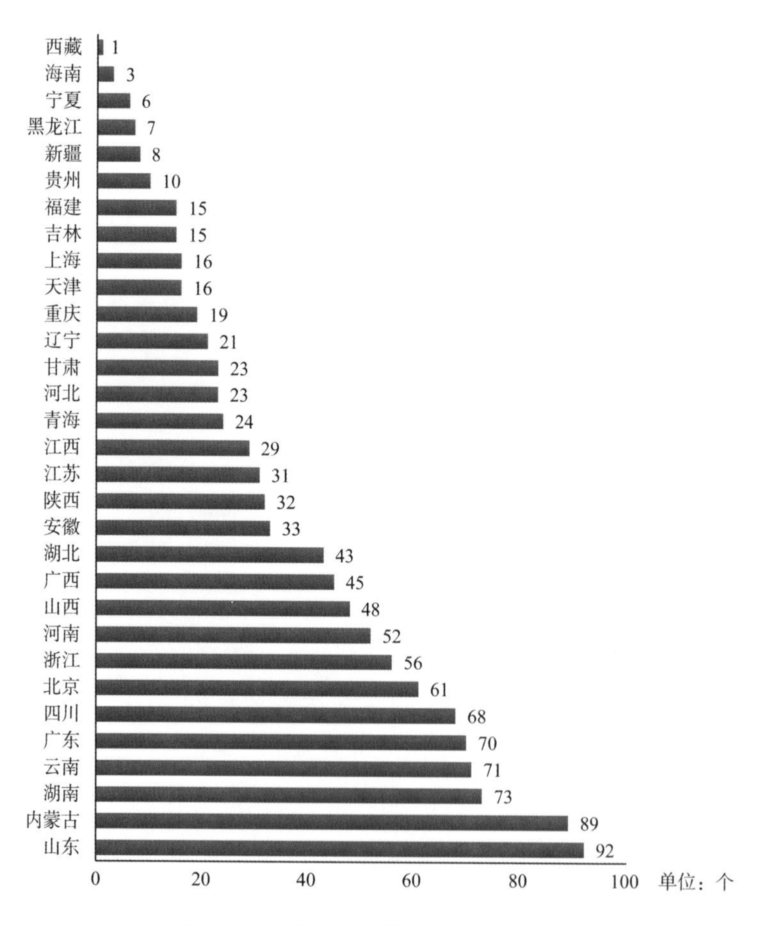

图 2-22　2022 年新闻类网站分布情况

数据来源:中国互联网协会　2022 年 12 月

6. 广播电影电视节目类网站历年变化及分布情况

2018—2022 年，广播电影电视节目类网站逐年递增，截至 2022 年 12 月底，广播电影电视节目类网站共 1 496 个，较 2021 年底增长 133 个，同比上升 9.76%，具体情况见图 2-23。

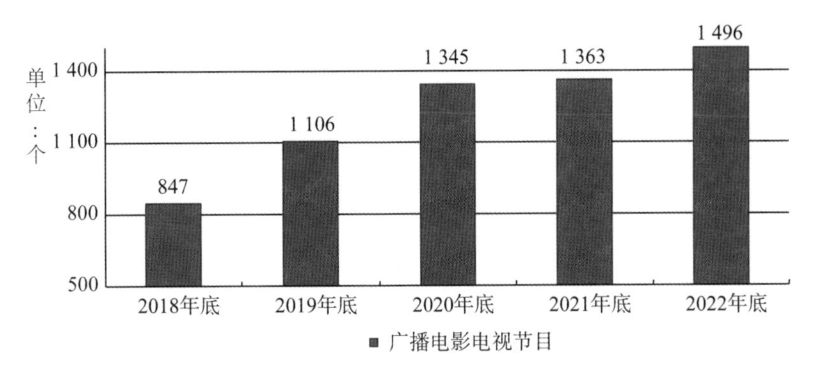

图 2-23　近五年广播电影电视节目类网站变化情况

数据来源：中国互联网协会　2022 年 12 月

从各省（区、市）的广播电影电视节目类网站分布情况来看，山东省广播电影电视节目类网站数量位居全国第一，达到 427 个，占全国广播电影电视节目类网站总量的 28.54%。排名第 2 至第 5 位的地区分别为福建（157 个）、北京（119 个）、重庆（92 个）和浙江（91 个），上述五省（市）广播电影电视节目类网站数量共计 886 个，占全国广播电影电视节目类网站总量的 59.22%。行政区域内尚无广播电影电视节目类网站的地区为青海、西藏、贵州。广播电影电视节目类网站在各省（区、市）的分布情况见图 2-24。

（四）中国网站主办者组成及历年变化情况

中国网站主办者由单位、个人两类主体组成，受国家信息化发展和促进信息消费等政策的影响，企业和个人举办网站的积极性最高，数量最多，近两年随着对网站的规范化整治，各类网站数量均有所下降。2022 年中国网站主办者组成情况见图 2-25。

1. 中国网站主办者组成及历年变化情况

中国网站中主办者性质为“企业”的网站达到 306.74 万个，较 2021 年底减少 19.58 万个；主办者性质为“个人”的网站 59.13 万个，较 2021 年底减少 6.89 万个；主办者性质为“事业单位”和“社会团体”的网站较 2021 年底相比有所减少，主办者性质为“政府机关”的网站较 2021 年底相比有所增加。2020—2022 年各类网站主办者举办的网站情况见图 2-26。

2. 企业网站历年变化及分布情况

2018—2022 年，“企业”网站数量整体呈下降趋势，截至 2022 年 12 月底，“企业”网站 306.74 万个，较 2021 年底减少 19.58 万个，同比下降 6%，具体情况见图 2-27。

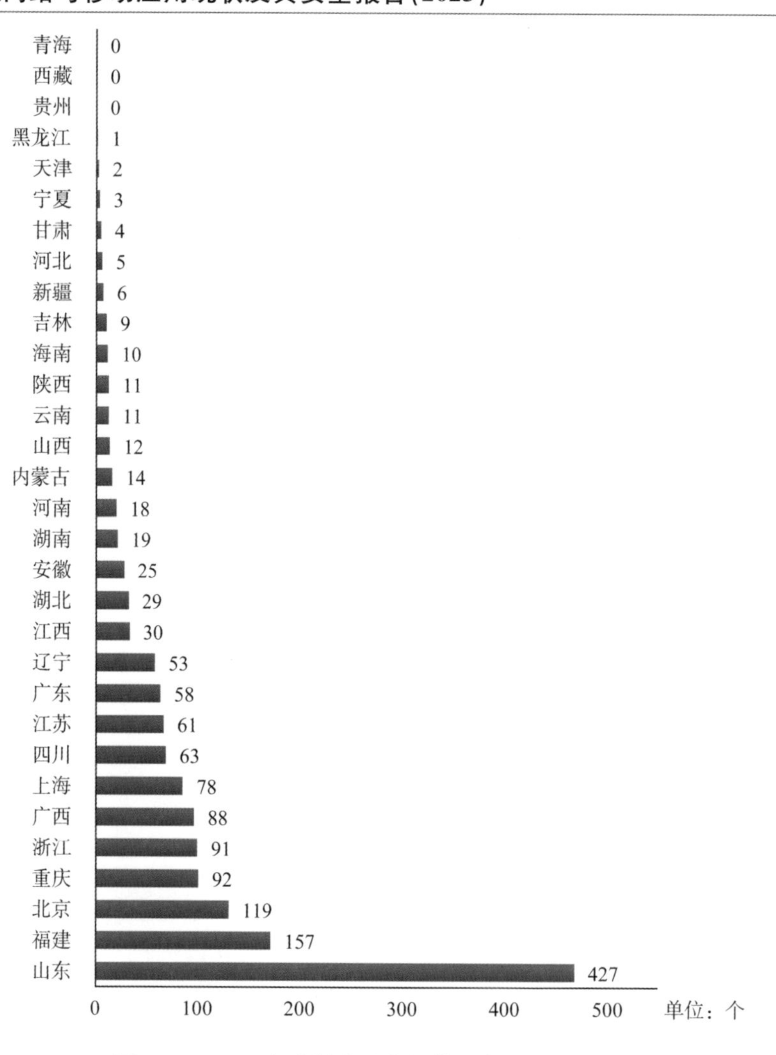

图 2-24　2022 年广播电影电视节目类网站分布情况

数据来源:中国互联网协会　2022 年 12 月

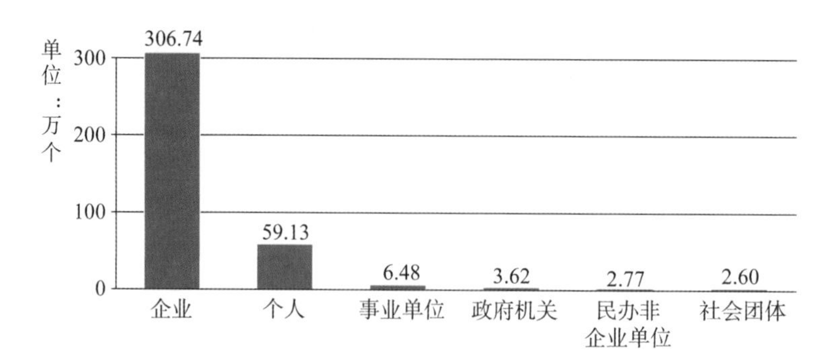

图 2-25　2022 年中国网站主办者组成情况

数据来源:中国互联网协会　2022 年 12 月

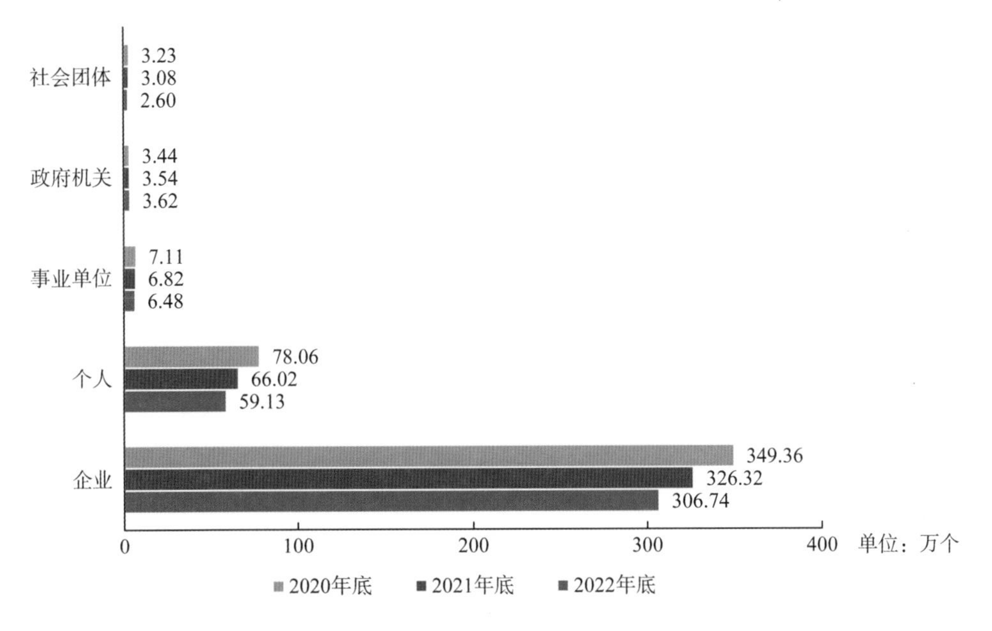

图 2-26 2020—2022 年中国网站主办者组成及历年变化情况

数据来源:中国互联网协会 2022 年 12 月

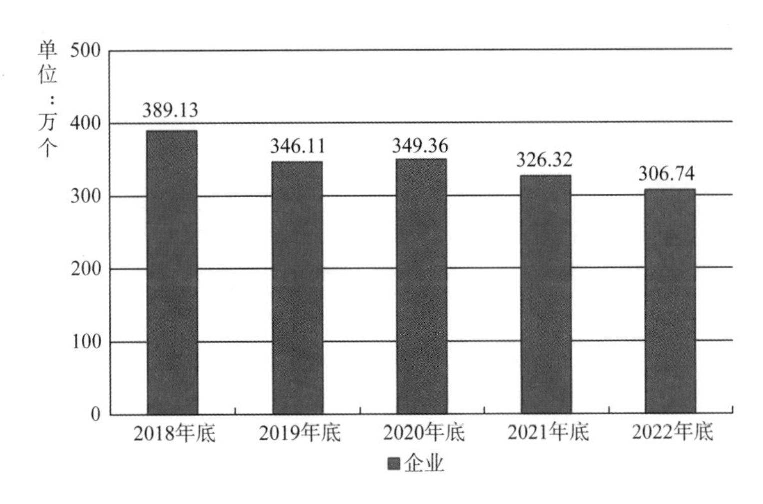

图 2-27 2018—2022 年“企业”网站变化情况

数据来源:中国互联网协会 2022 年 12 月

从中国网站主办者性质为“企业”的网站分布情况来看,广东省主办者性质为“企业”的网站数量位居全国第一,达到 52.40 万个,占全国主办者性质为“企业”的网站总量的 17.08%。排名第 2 至第 5 位的地区分别为北京(30.08 万个)、江苏(28.67 万个)、上海(27.61 万个)和山东(22.84 万个),上述五省(市)主办者性质为“企业”的网站数量达到 161.60 万个,占全国主办者性质为“企业”的网站总量的 52.68%。属地内主办者性质为“企业”的网站数量不足 1 万个的地区有西藏(1 279

个)、青海(2 778 个)和宁夏(5 191 个)、新疆(7 302 个)。主办者性质为“企业”的网站数量在各省(区、市)分布情况见图 2-28。

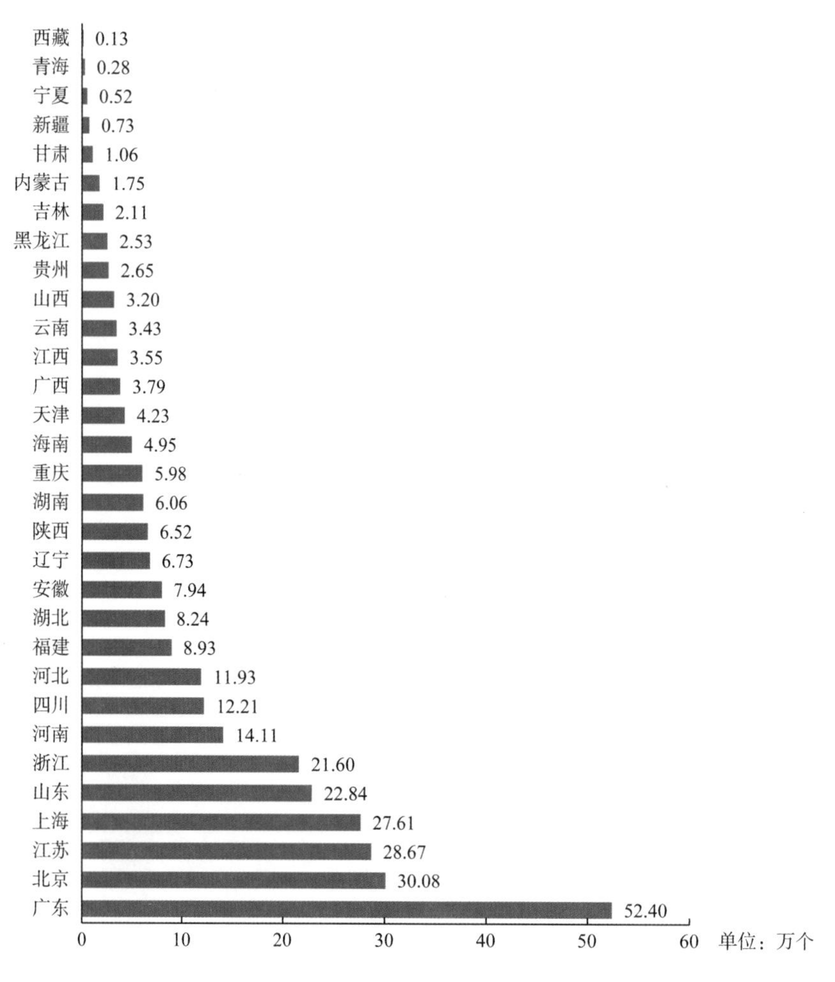

图 2-28　2022 年“企业”网站分布情况

数据来源：中国互联网协会　2022 年 12 月

3. 事业单位网站历年变化及分布情况

2018—2022 年，“事业单位”网站数量整体呈下降趋势，截至 2022 年 12 月底，“事业单位”网站 6.48 万个，较 2021 年底减少 3 400 个，同比下降 4.99%，具体情况见图 2-29。

从中国网站主办者性质为“事业单位”的网站分布情况来看，北京市主办者性质为“事业单位”的网站数量位居全国第一，达到 5 820 个，占全国主办者性质为“事业单位”网站总量的 8.98%。排名第 2 至第 5 位的地区分别为江苏(5 321 个)、广东(4 665 个)、四川(4 506 个)和山东(4 068 个)，上述五省市主办者性质为“事业单位”的网站数量 2.44 万个，占全国主办者性质为“事业单位”的网站总量的 37.63%。属地内主办者性质为“事业单位”的网站数量不足 500 的地区有西藏(92 个)、青海(364 个)和宁夏(398 个)。主办者性质为“事业单位”的网站数量在各省(区、市)的分布情况见图 2-30。

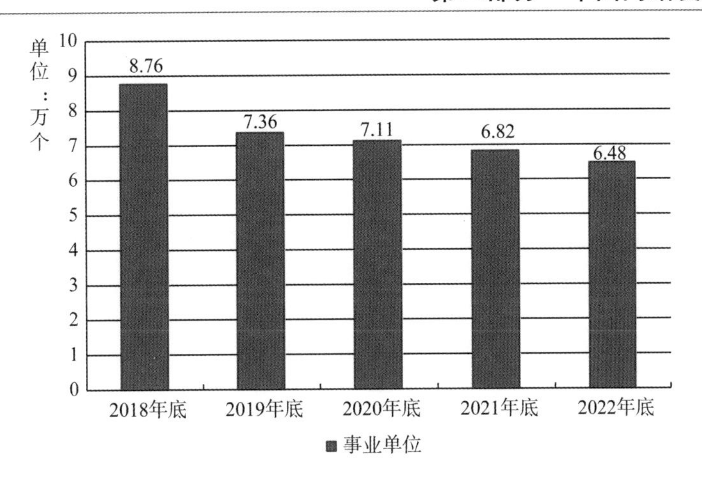

图 2-29　2018—2022 年"事业单位"网站变化情况

数据来源：中国互联网协会　2022 年 12 月

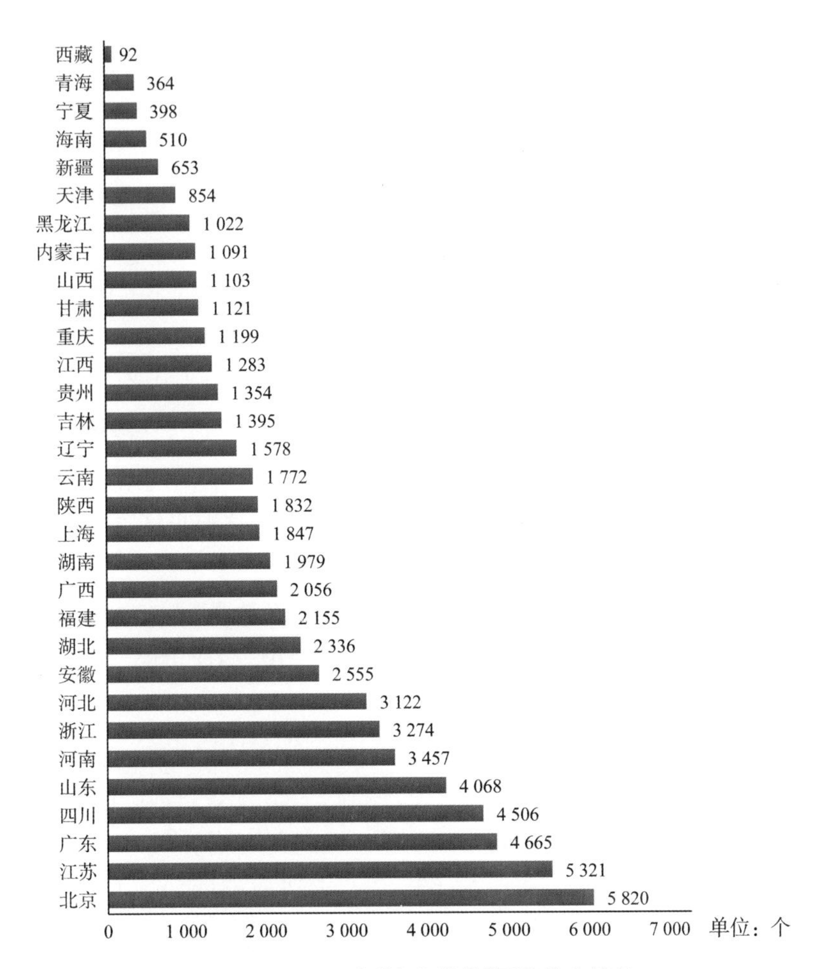

图 2-30　2022 年"事业单位"网站分布情况

数据来源：中国互联网协会　2022 年 12 月

4. 政府机关网站历年变化及分布情况

2018—2022 年"政府机关"网站数量先下降后逐年递增,截至 2022 年 12 月底,"政府机关"网站 3.62 万个,较 2021 年底增加 830 个,同比增长 2.41%。具体情况见图 2-31。

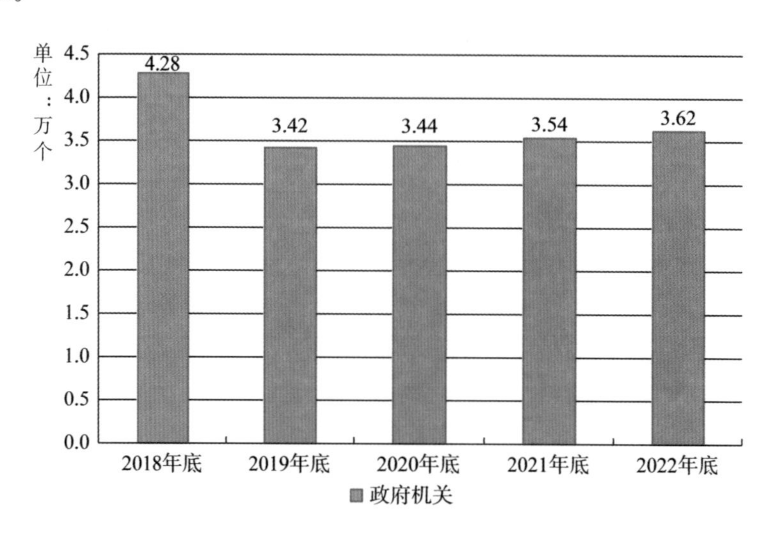

图 2-31 2018—2022 年"政府机关"网站变化情况

数据来源:中国互联网协会 2022 年 12 月

从中国网站主办者性质为"政府机关"的网站分布情况来看,山东省主办者性质为"政府机关"的网站数量位居全国第一,达 2 602 个,占全国主办者性质为"政府机关"网站总量的 7.19%。排名第 2 至第 5 位的地区分别为广东(2 588 个)、四川(2 373 个)、浙江(2 228 个)和江苏(2 125 个),上述五省(市)主办者性质为"政府机关"的网站数量 11 916 个,占全国主办者性质为"政府机关"的网站总量的 32.94%。主办者性质为"政府机关"的网站在各省(区、市)的分布情况见图 2-32。

5. 社会团体网站历年变化及分布情况

2018—2022 年,"社会团体"网站数量整体呈下降趋势,截至 2022 年 12 月底,"社会团体"网站 2.60 万个,较 2021 年底减少 4 812 个,同比下降 14.91%。具体情况见图 2-33。

从中国网站主办者性质为"社会团体"的网站分布情况来看,北京市主办者性质为"社会团体"的网站数量位居全国第一,达到 3 968 个,占全国主办者性质为"社会团体"网站总量的 14.43%。排名第 2 至第 5 位的地区分别为广东(3 619 个)、江苏(1 802 个)、山东(1 783 个)和浙江(1 553 个),上述五省(市)主办者性质为"社会团体"的网站数量共计 12 725 个,占全国主办者性质为"社会团体"的网站总量的 48.92%。主办者性质为"社会团体"的网站在各省(区、市)的分布情况见图 2-34。

6. 个人网站历年变化及分布情况

2018—2022 年,"个人"网站数量呈逐年递减趋势,截至 2022 年 12 月底,"个

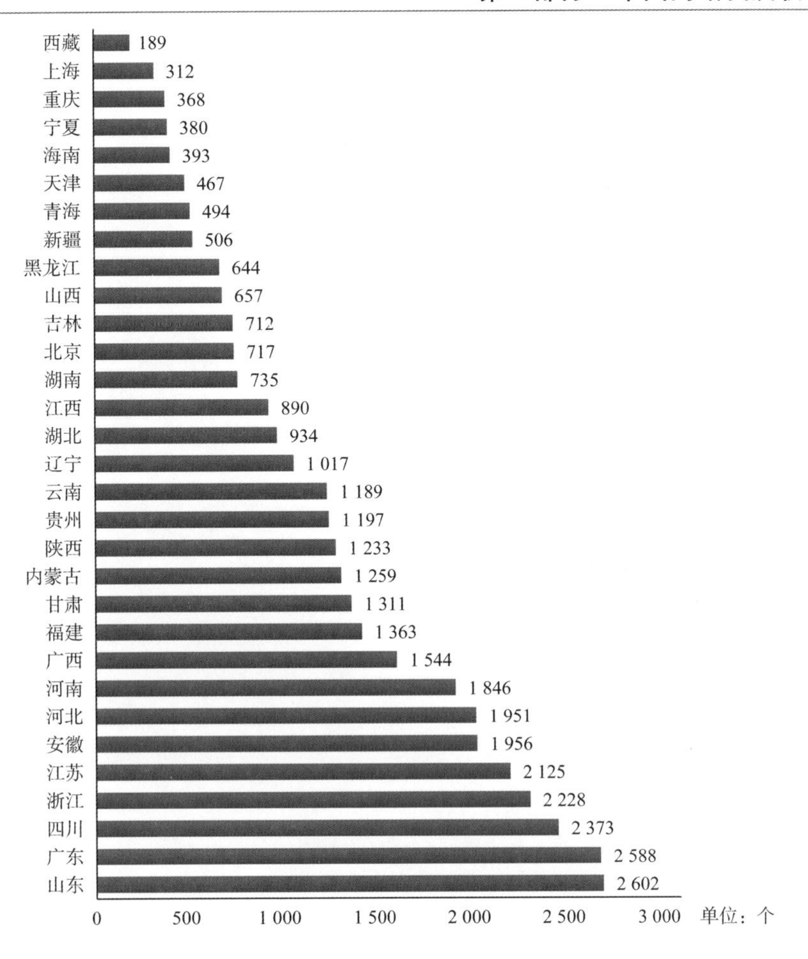

图 2-32　2022 年“政府机关”网站分布情况

数据来源:中国互联网协会　2022 年 12 月

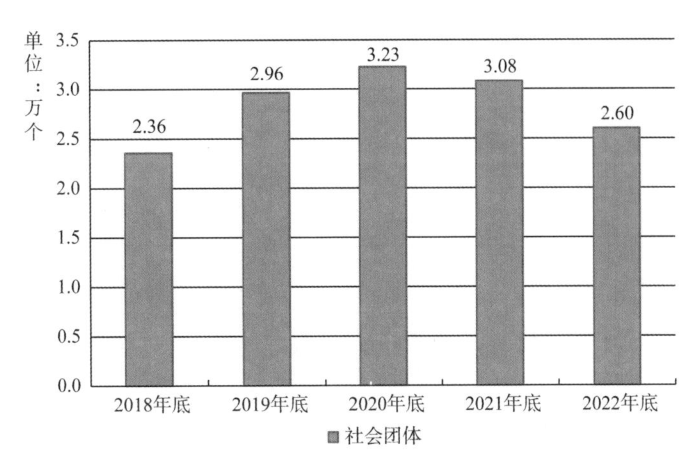

图 2-33　2018—2022 年“社会团体”网站变化情况

数据来源:中国互联网协会　2022 年 12 月

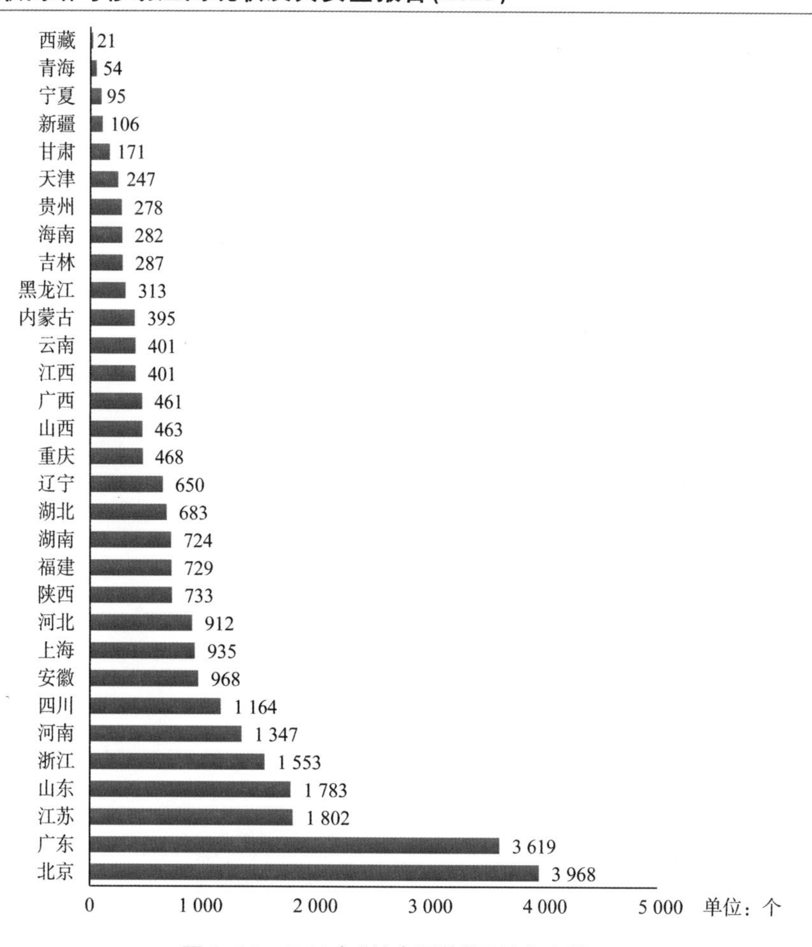

图 2-34　2022 年“社会团体”网站分布情况

数据来源:中国互联网协会　2022 年 12 月

人”网站 59.13 万个,较 2021 年底降低 6.89 万个,同比下降 10.44%。具体情况见图 2-35。

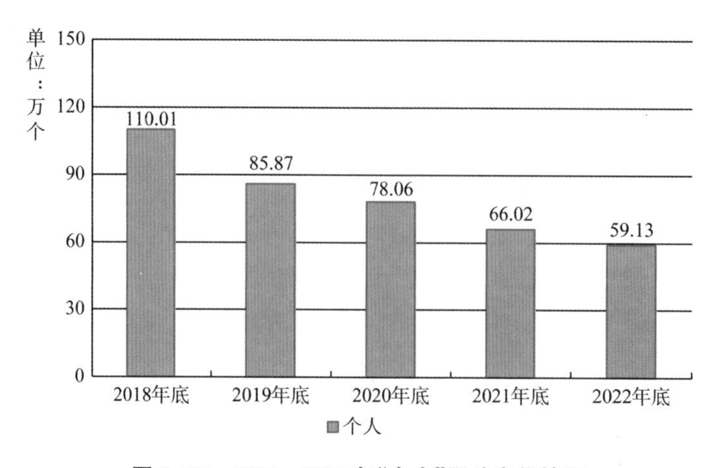

图 2-35　2018—2022 年“个人”网站变化情况

数据来源:中国互联网协会　2022 年 12 月

从中国网站主办者性质为“个人”的网站分布情况来看，北京市主办者性质为“个人”的网站数量位居全国第一，达到7.13万个，占全国主办者性质为“个人”的网站总量的12.05%。排名第2至第5位的地区分别为广东(6.71万个)、河南(4.11万个)、浙江(4.01万个)和四川(3.52万个)，上述五省(市)主办者性质为“个人”的网站数量共计25.47万个，占全国主办者性质为“个人”的网站总量的43.08%。行政区域内主办者性质为“个人”的网站数量不足1 000的地区为西藏(28个)、新疆(242个)、青海(408个)和宁夏(792个)。主办者性质为“个人”的网站在各省(区、市)的分布情况见图2-36。

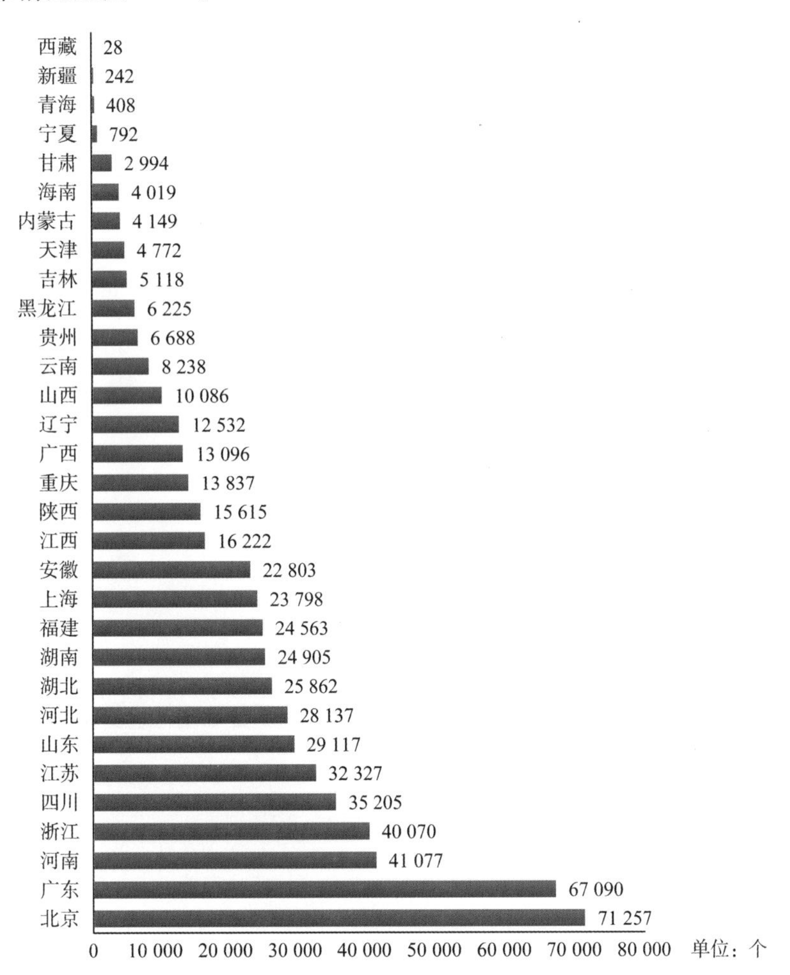

图2-36　2022年“个人”网站分布情况

数据来源：中国互联网协会　2022年12月

(五) 从事网站接入服务的接入服务商总体情况

1. 接入服务商总体情况

2018—2022年，从事中国网站接入服务的接入服务商数量逐年递增，截至2022

年 12 月底,已通过企业系统报备数据的接入服务商 1 501 家,同比年度净增长 42 家。具体情况见图 2-37。

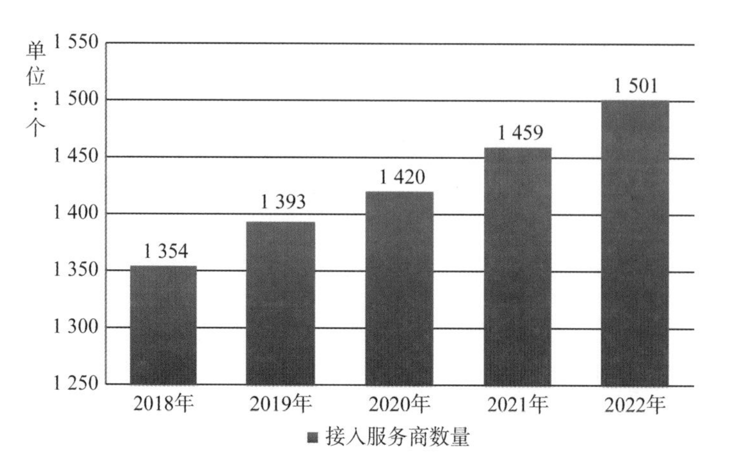

图 2-37　2018—2022 年中国接入服务商数量变化情况

数据来源:中国互联网协会　2022 年 12 月

截至 2022 年 12 月底,中国接入服务商数量最多的地区为北京(273 个),排名第 2 至第 5 位的地区为广东(185 个)、上海(159 个)、江苏(139 个)和浙江(69 个)。2022 年中国接入服务商地域分布情况见图 2-38。

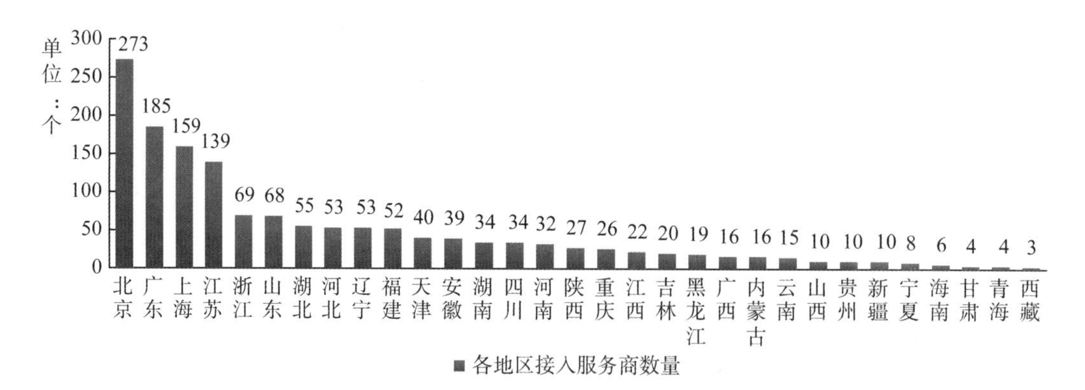

图 2-38　2022 年中国接入服务商地域分布情况

数据来源:中国互联网协会　2022 年 12 月

截至 2022 年 12 月底,接入网站数量超过 1 万个的接入服务商 27 家,较 2021 年底减少 2 家;接入网站数量超过 3 万个的接入服务商 14 家,较 2021 年底减少 1 家。具体情况见图 2-39。

2. 接入网站数量排名前 20 的接入服务商

接入备案网站数量最多的单位是阿里云计算有限公司,共接入 160.18 万个网站,占接入备案网站总量的 39.78%。在接入备案网站数量位居前 20 的接入服务商中,北京的接入服务商 7 家,广东 4 家,江苏和上海各 2 家,福建、河南、贵州、四

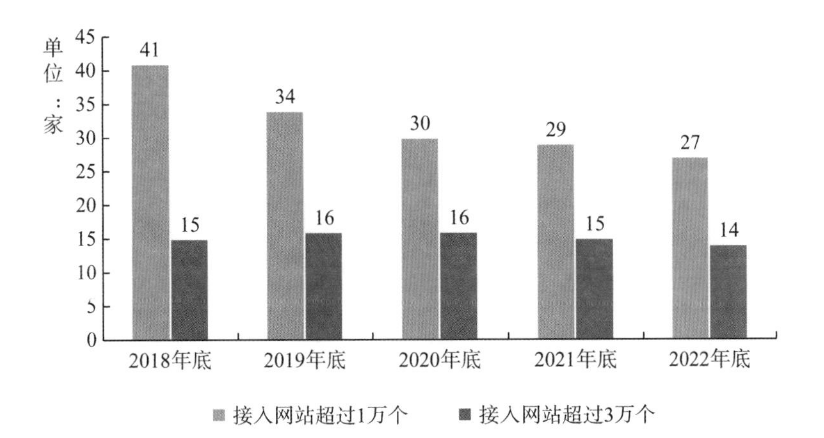

图 2-39　近五年接入备案网站超过 1 万个和 3 万个的接入服务商数量变化情况

数据来源：中国互联网协会　2022 年 12 月

川、浙江各 1 家，具体情况见表 2-1。

表 2-1　2022 年接入网站数量排名前 20 的接入服务商

序号	接入商所在地区	接入商单位名称	网站数量	所占百分比
1	浙江	阿里云计算有限公司	1 601 767	39.78%
2	广东	腾讯云计算（北京）有限责任公司广州分公司	369 654	9.18%
3	广东	阿里云计算有限公司广州分公司	263 803	6.55%
4	四川	成都西维数码科技有限公司	220 098	5.47%
5	河南	郑州市景安网络科技股份有限公司	129 595	3.22%
6	贵州	华为云计算技术有限公司	110 460	2.74%
7	北京	北京百度网讯科技有限公司	109 970	2.73%
8	北京	中企网动力（北京）科技有限公司	92 365	2.29%
9	北京	北京新网数码信息技术有限公司	87 496	2.17%
10	上海	优刻得科技股份有限公司	79 355	1.97%
11	北京	腾讯云计算（北京）有限责任公司	58 793	1.46%
12	上海	上海美橙科技信息发展有限公司	58 684	1.46%
13	福建	厦门三五互联科技股份有限公司	45 217	1.12%
14	北京	北京中企网动力数码科技有限公司	32 490	0.81%
15	北京	天翼云科技有限公司	26 573	0.66%
16	北京	阿里巴巴云计算（北京）有限公司	22 110	0.55%
17	广东	广东金万邦科技投资有限公司	21 891	0.54%

续表

序号	接入商所在地区	接入商单位名称	网站数量	所占百分比
18	广东	中国电信股份有限公司广东分公司	16 602	0.41%
19	江苏	中国电信股份有限公司江苏分公司	15 255	0.38%
20	江苏	江苏邦宁科技有限公司	14 687	0.36%

数据来源:中国互联网协会　2022 年 12 月

第三部分　中国互联网 ICP 备案网站及域名分类统计报告

本部分主要对境内已完成 ICP 备案且可访问的网站及域名，按照《国民经济行业分类》(GB/T 4754—2017)进行分类，从分布地区、网站主体性质、域名接入商、域名访问量等多个维度分析各行业网站及域名的发展状况、地区分布及发展趋势。

网站属性及行业分类以网站分类知识库为基础，采用信息获取技术、信息预处理技术、特征提取技术、分类技术等，对网站内容进行获取和分析，实现将互联网站按照国民经济行业、网站内容、网站规模等相关维度进行分类管理，辅以人工研判和修订，为网站内容动态监测和全面掌握网站信息提供有效技术手段。

截至 2022 年底，ICP 备案库中可访问网站按照《国民经济行业分类》，其中数量最多的前五个行业是制造业，信息传输、软件和信息技术服务业，租赁和商务服务业，文化、体育和娱乐业，教育。相比 2021 年，2022 年前五个行业已经发生了变化，文化、体育和娱乐业进入前五，但其 ICP 备案网站量历年变化情况相关数据已被覆盖，无法获取。

(一) 全国网站内容分析

1. 按《国民经济行业分类》的网站情况

截至 2022 年底，ICP 备案库中可访问网站共计 245.40 万个，按照《国民经济行业分类》，其中数量最多的前六个行业网站是制造业网站(74.04 万个)，信息传输、软件和信息技术服务业网站(58.92 万个)，租赁和商务服务业网站(17.43 万个)，文化、体育和娱乐业网站(11.67 万个)，教育网站(9.86 万个)，科学研究和技术服务业网站(6.77 万个)。具体分类情况如图 3-1 所示。

2. 按《国民经济行业分类》的网站历年变化情况

相比 2021 年底，2022 年底 ICP 备案库中可访问网站数量减少 11.81 万个，同比减少 4.59%，2020—2022 年呈先上升后下降的趋势。2018—2022 年的具体变化情况如图 3-2 所示。

按照《国民经济行业分类》，其中数量最多的前六个行业中，制造业网站，较 2021 年底增加 28.36 万个，同比增加 62.08%；信息传输、软件和信息技术服务业网站，较 2021 年底减少 37.49 万个，同比减少 38.89%；租赁和商务服务业网站，较 2021 年底减少 3.82 万个，同比减少 17.98%；文化、体育和娱乐业网站较 2021 年底增加 3.26 万个，同比增加 38.76%；教育网站，较 2021 年底减少 7.38 万个，同比减少 42.81%；科学研究和技术服务业网站，较 2021 年底减少 7.73 万个，同比减少

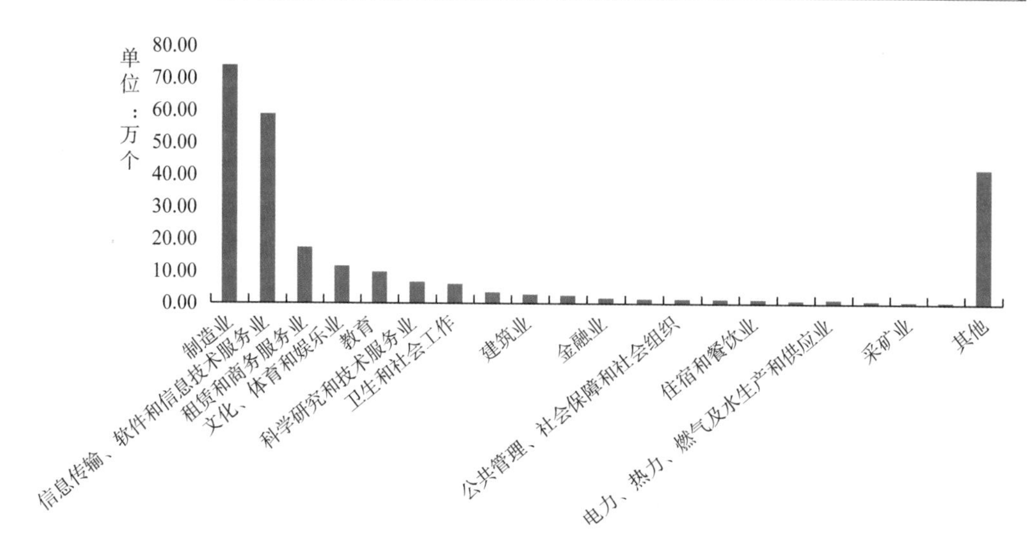

图 3-1　中国国民经济行业 ICP 备案网站数量统计

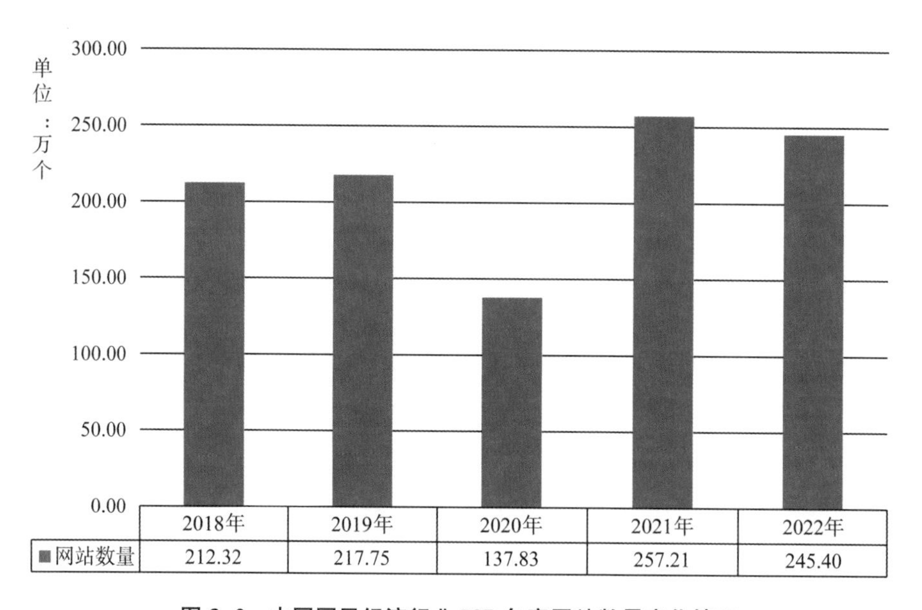

图 3-2　中国国民经济行业 ICP 备案网站数量变化情况

53.31%。具体变化如图 3-3 所示。

3. 按《国民经济行业分类》的域名情况

截至 2022 年底，ICP 备案库中可访问域名共计 247.01 万个，对这些域名按照《国民经济行业分类》标准分类，其中数量排前六的行业是制造业域名(74.45 万个)，信息传输、软件和信息技术服务业域名(59.32 万个)，租赁和商务服务业域名(17.54 万个)，文化、体育和娱乐业网站域名(11.73 万个)，教育域名(9.94 万个)，科学研究和技术服务业域名(6.81 万个)。具体分类情况如图 3-4 所示。

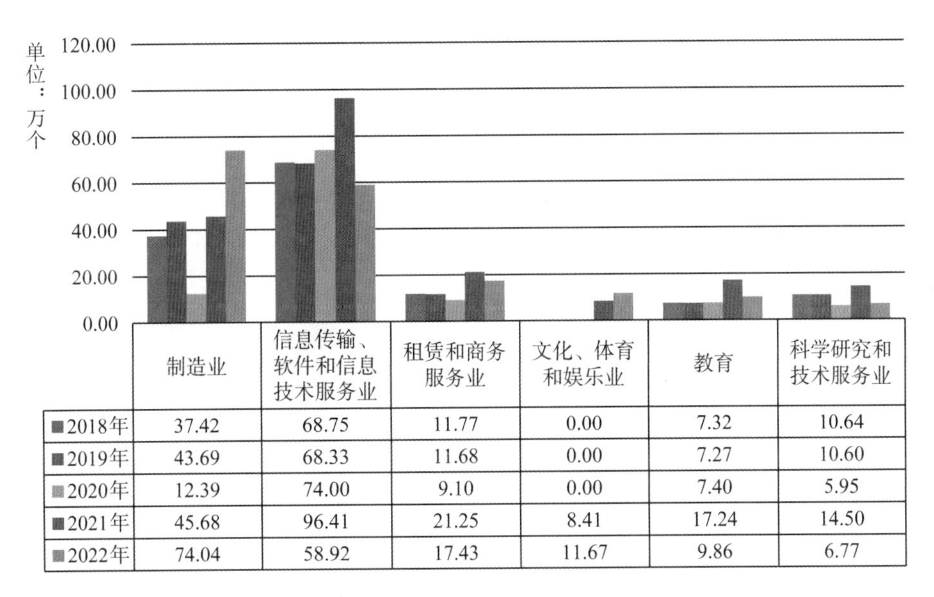

	制造业	信息传输、软件和信息技术服务业	租赁和商务服务业	文化、体育和娱乐业	教育	科学研究和技术服务业
2018年	37.42	68.75	11.77	0.00	7.32	10.64
2019年	43.69	68.33	11.68	0.00	7.27	10.60
2020年	12.39	74.00	9.10	0.00	7.40	5.95
2021年	45.68	96.41	21.25	8.41	17.24	14.50
2022年	74.04	58.92	17.43	11.67	9.86	6.77

图 3-3　中国国民经济行业 ICP 备案网站历年变化情况

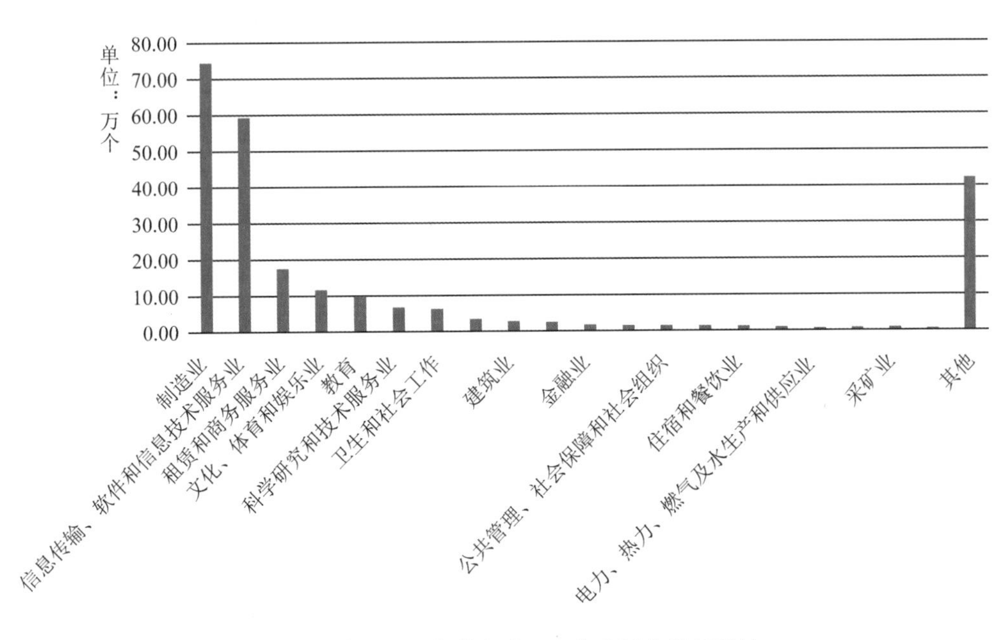

图 3-4　中国国民经济行业 ICP 备案域名数量统计

4. 按《国民经济行业分类》的域名历年变化情况

相比 2021 年底，2022 年底 ICP 备案库中可访问域名数量减少 22.94 万个，同比减少 8.50%，2020—2022 年呈先上升后下降的趋势。具体变化如图 3-5 所示。

按照《国民经济行业分类》，其中数量最多的前六个行业：制造业域名，较 2021 年底增加 27.03 万个，同比增加 57.00%；信息传输、软件和信息技术服务业域名，较 2021 年底减少 42.54 万个，同比减少 41.76%；租赁和商务服务业域名，较 2021

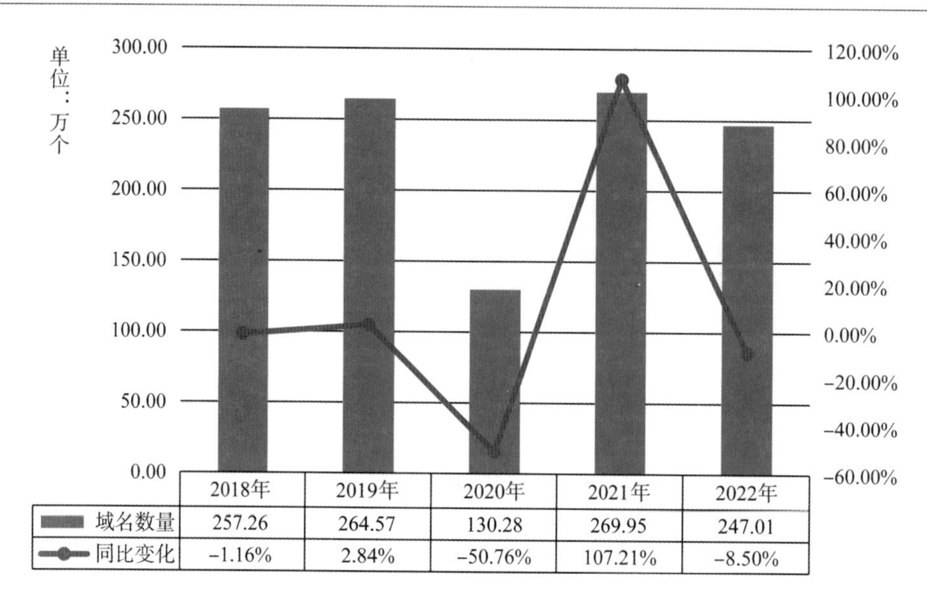

	2018年	2019年	2020年	2021年	2022年
域名数量	257.26	264.57	130.28	269.95	247.01
同比变化	-1.16%	2.84%	-50.76%	107.21%	-8.50%

图 3-5　中国国民经济行业 ICP 备案域名数量变化情况

年底减少 4.43 万个，同比减少 20.16%；文化、体育和娱乐业域名，较 2021 年低增加 2.96 万个，同比增加 33.75%；教育域名，较 2021 年底减少 8.00 万个，同比减少 44.59%；科学研究和技术服务业域名，较 2021 年底减少 8.23 万个，同比减少 54.72%。具体变化如图 3-6 所示。

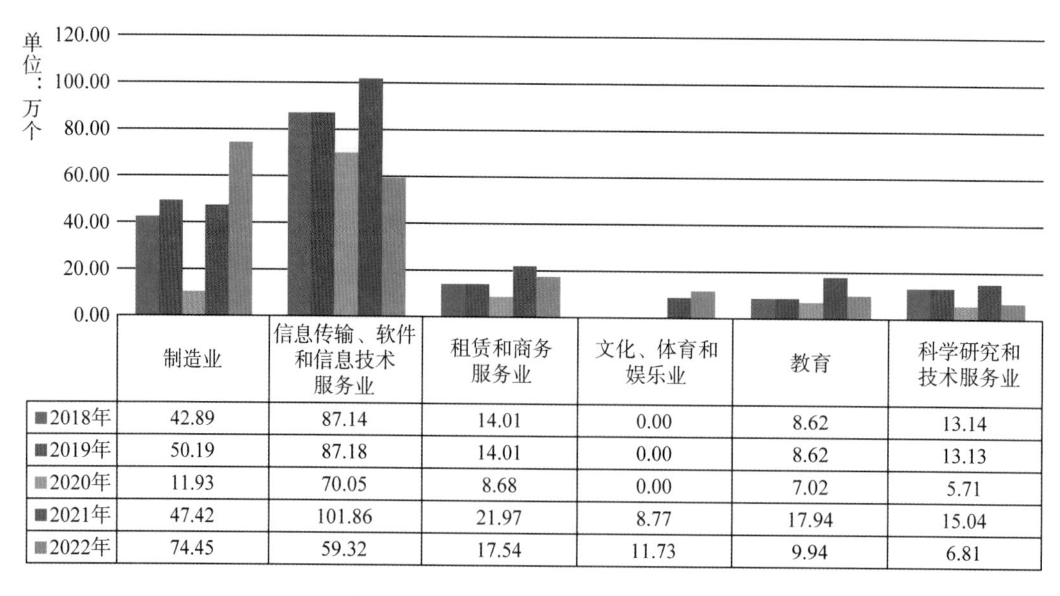

	制造业	信息传输、软件和信息技术服务业	租赁和商务服务业	文化、体育和娱乐业	教育	科学研究和技术服务业
2018年	42.89	87.14	14.01	0.00	8.62	13.14
2019年	50.19	87.18	14.01	0.00	8.62	13.13
2020年	11.93	70.05	8.68	0.00	7.02	5.71
2021年	47.42	101.86	21.97	8.77	17.94	15.04
2022年	74.45	59.32	17.54	11.73	9.94	6.81

图 3-6　中国国民经济行业 ICP 备案域名历年变化情况

（二）制造业网站及域名情况

中国正在成为全球制造业的中心，中国是制造业大国，但还不是强国，国家确

定了通过信息化带动工业化的国策，推动制造企业实施制造业信息化。随着国家两化深度融合水平的进一步提高，中国制造业信息化已经迎来一个崭新的发展阶段。

1. 主体性质

制造业网站主体性质主要包括企业、个人、社会团队、事业单位、政府机关等 16 类，其中企业网站占比达 96.47%。具体情况如图 3-7 所示。

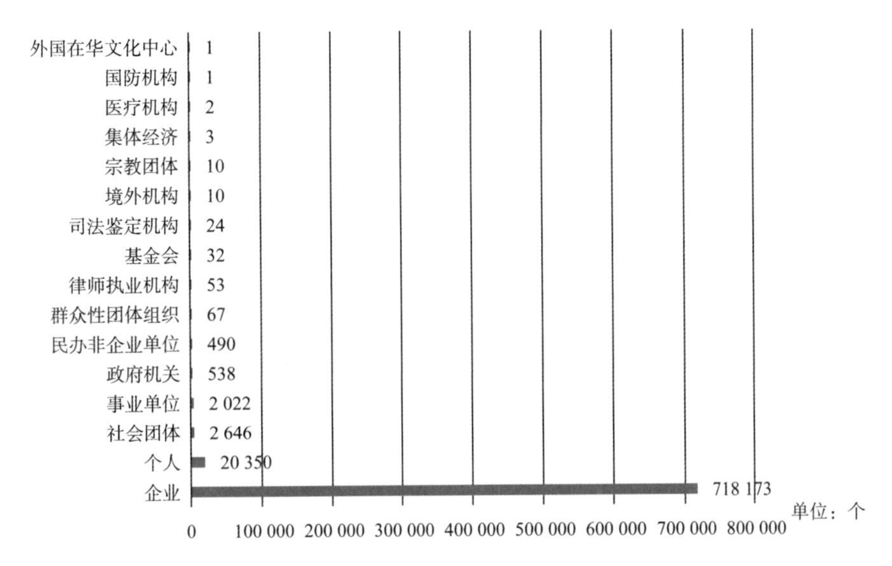

图 3-7　制造业网站按主体性质分类的数量情况

2020—2022 年，企业主办的制造业网站数量呈逐年上升趋势。2018—2022 年的具体变化情况如图 3-8 所示。

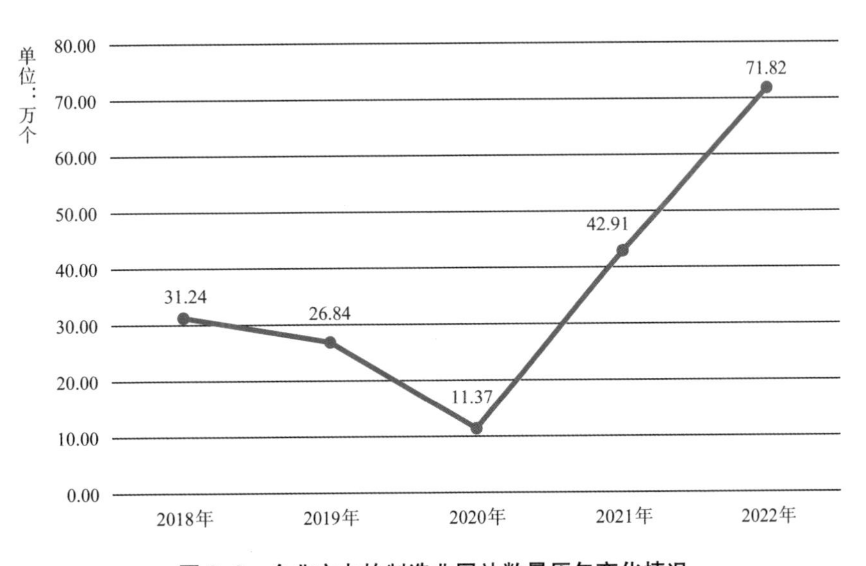

图 3-8　企业主办的制造业网站数量历年变化情况

2. 域名接入商

2022 年的 114 家制造业网站域名接入商共接入 71.04 万个域名，接入量在 100 以上的接入商共 57 家，其中排在前 20 的接入商如表 3-1 所示。

表 3-1　制造业网站中接入域名排名前 20 的接入服务商

序号	接入商单位名称	接入域名数(个)
1	中国电信股份有限公司四川分公司	27 219
2	郑州市景安网络科技股份有限公司	20 650
3	北京中联网盟科技有限公司	18 575
4	中国电信股份有限公司福建分公司	16 170
5	中国移动通信集团有限公司	12 216
6	阿里巴巴通信技术(北京)有限公司	10 409
7	中国电信股份有限公司江苏分公司	9 094
8	中国电信集团有限公司	7 436
9	中国电信股份有限公司上海分公司	6 618
10	中国电信股份有限公司安徽分公司	5 587
11	中国电信股份有限公司浙江分公司	4 366
12	中国移动通信集团天津有限公司	3 249
13	中国电信股份有限公司广东分公司	3 238
14	中国联合网络通信集团有限公司	2 541
15	中国联合网络通信有限公司山东省分公司	2 473
16	北京百度网讯科技有限公司	2 180
17	中国电信股份有限公司江西分公司	2 086
18	腾讯云计算(北京)有限责任公司	2 040
19	中国联合网络通信有限公司北京市分公司	2 023
20	中国联合网络通信有限公司黑龙江省分公司	1 995

2020—2022 年，制造业网站域名接入商数量呈先上升后下降的趋势，接入域名数量呈逐年递增的趋势。2018—2022 年的具体变化情况如图 3-9 所示。

3. 域名访问量

制造业网站排名前 10 的域名访问量总计 236 638 万次，访问量最高的域名是 suning.com。具体访问量如图 3-10 所示。

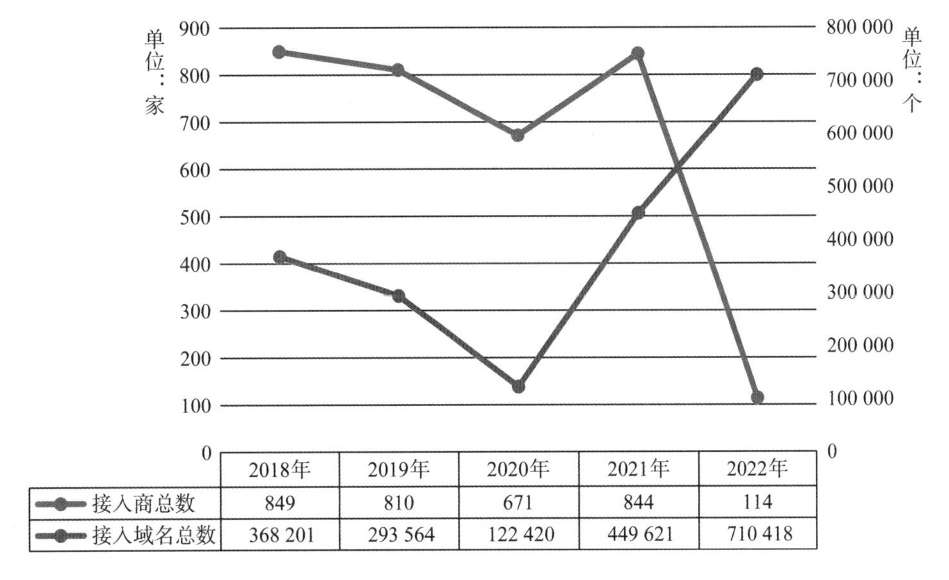

	2018年	2019年	2020年	2021年	2022年
接入商总数	849	810	671	844	114
接入域名总数	368 201	293 564	122 420	449 621	710 418

图 3-9　制造业网站域名接入商、接入域名数量变化情况

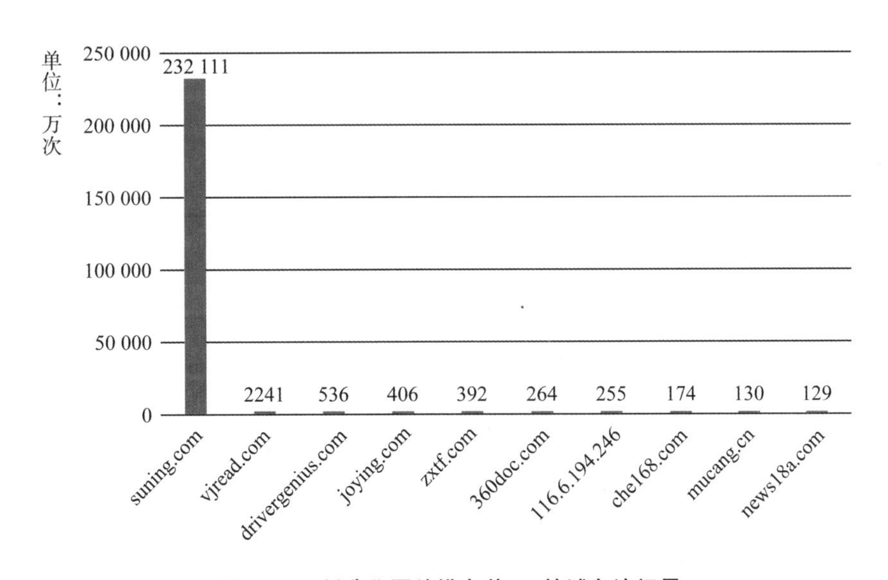

图 3-10　制造业网站排名前 10 的域名访问量

(三) 信息传输、软件和信息技术服务业网站及域名情况

信息传输、软件和信息技术服务业是我国的支柱产业，近年来行业保持快速发展趋势，得益于我国经济快速发展、政策支持、强劲的信息化投资及旺盛的 IT 消费等。信息传输、软件和信息技术服务业已连续多年保持高速发展趋势，产业规模不断壮大。

1. 主体性质

信息传输、软件和信息技术服务业网站主体性质主要包括企业、个人、事业单位、社会团队、政府机关等 17 类,其中企业网站占比高达 76.68%。具体情况如图 3-11 所示。

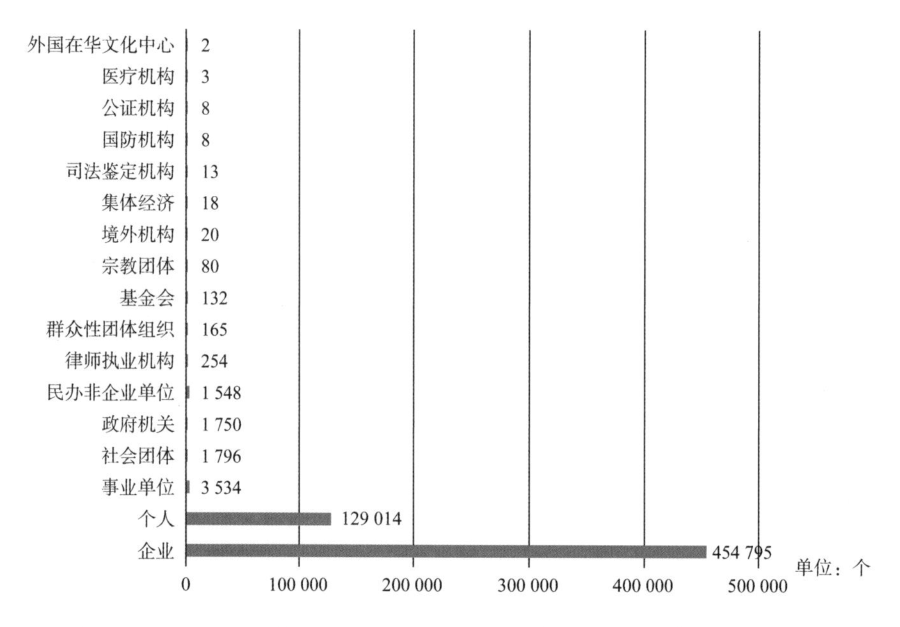

图 3-11 信息传输、软件和信息技术服务业网站按主体性质分类的数量情况

2020—2022 年,企业主办的信息传输、软件和信息技术服务业网站数量呈先上升后下降趋势。2018—2022 年的具体变化情况如图 3-12 所示。

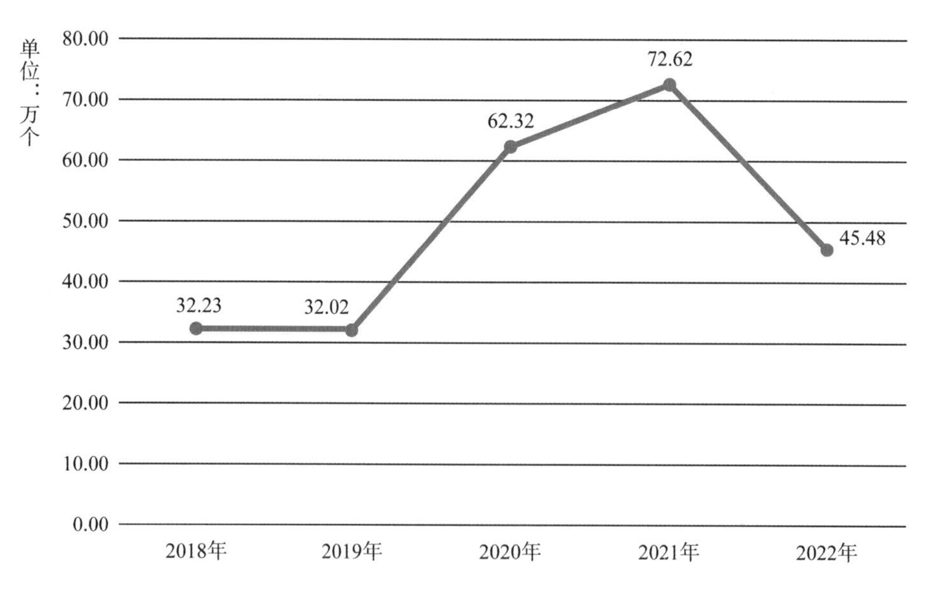

图 3-12 企业主办的信息传输、软件和信息技术服务业网站数量历年变化情况

2. 域名接入商

2022 年,175 家信息传输、软件和信息技术服务业网站域名接入商共接入

52.46 万个域名，接入量在 100 以上的接入商共 48 家，其中排在前 20 的接入商如表 3-2 所示。

表 3-2　信息传输、软件和信息技术服务业网站中接入域名排名前 20 的接入服务商

序号	接入商单位名称	接入域名数(个)
1	阿里巴巴通信技术(北京)有限公司	11 469
2	北京中联网盟科技有限公司	7 643
3	中国电信集团有限公司	7 562
4	腾讯云计算(北京)有限责任公司	7 386
5	中国电信股份有限公司四川分公司	6 751
6	中国移动通信集团有限公司	6 356
7	郑州市景安网络科技股份有限公司	5 781
8	中国电信股份有限公司福建分公司	2 620
9	中国联合网络通信集团有限公司	2 444
10	中国电信股份有限公司江苏分公司	2 414
11	中国电信股份有限公司广东分公司	2 402
12	中国移动通信集团天津有限公司	2 236
13	中国电信股份有限公司上海分公司	2 213
14	中国电信股份有限公司浙江分公司	1 551
15	中国移动通信集团广东有限公司	1 347
16	北京百度网讯科技有限公司	1 092
17	中国联合网络通信有限公司北京市分公司	873
18	中国电信股份有限公司安徽分公司	736
19	北京星缘新动力科技有限公司	586
20	北京天地祥云科技有限公司	542

2020—2022 年，信息传输、软件和信息技术服务业网站域名接入商及接入域名数量均呈先上升后下降的趋势。2018—2022 年的具体变化情况如图 3-13 所示。

3. 域名访问量

信息传输、软件和信息技术服务业网站排名前 10 的域名访问量总计 1 238 052 万次，访问量最高的域名是 iqiyi. com。具体访问量如图 3-14 所示。

(四) 租赁和商务服务业网站及域名情况

在推动供给侧结构性改革和转型升级方面，根据不同行业发展特点、现状和问

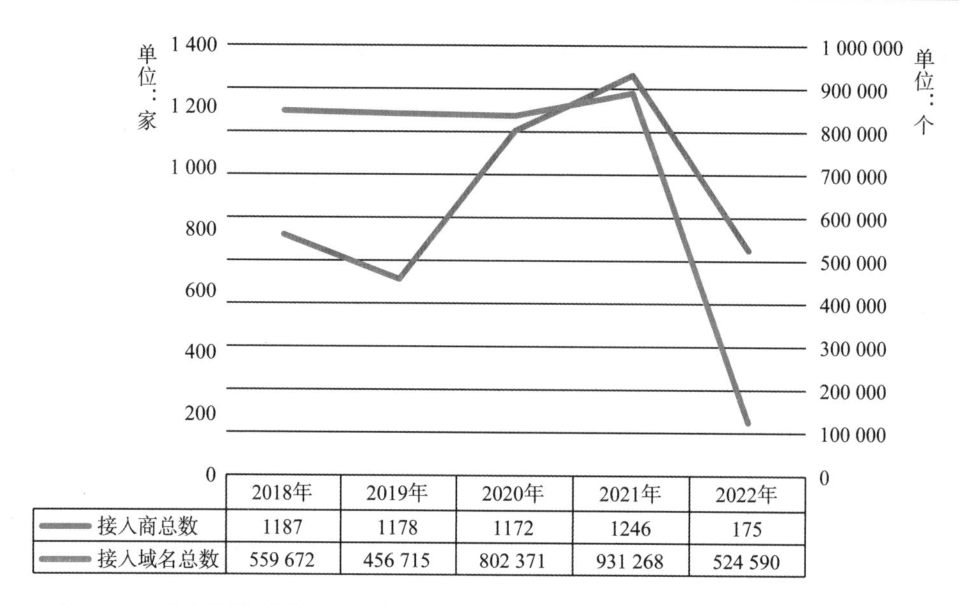

	2018年	2019年	2020年	2021年	2022年
接入商总数	1187	1178	1172	1246	175
接入域名总数	559 672	456 715	802 371	931 268	524 590

图 3-13　信息传输、软件和信息技术服务业网站域名接入商、接入域名数量变化情况

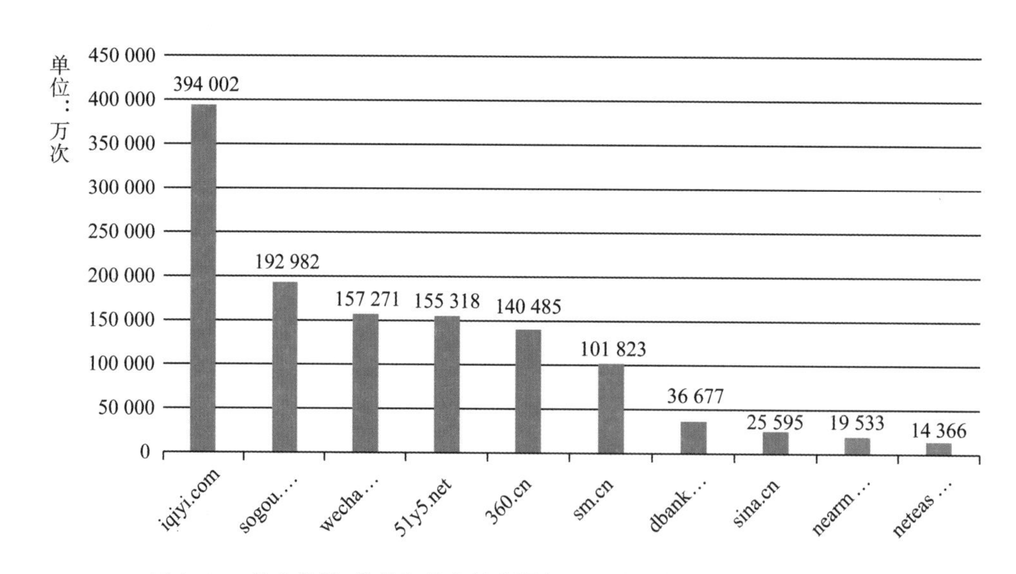

图 3-14　信息传输、软件和信息技术服务业网站排名前 10 的域名访问量

题，细化推动行业发展的指导政策，把加快推进信息化作为新型商务服务业发展的主线，利用信息通信技术及互联网平台，促进租赁和商务服务业健康发展。

1. 主体性质

租赁和商务服务业网站主体性质主要包括企业、个人、律师执业机构、社会团队、事业单位、政府机关等 16 类，其中企业网站占比达 87.32%。具体情况如图 3-15 所示。

2020—2022 年，企业主办的租赁和商务服务业网站数量呈先上升后下降的趋势。2018—2022 年的具体变化情况如图 3-16 所示。

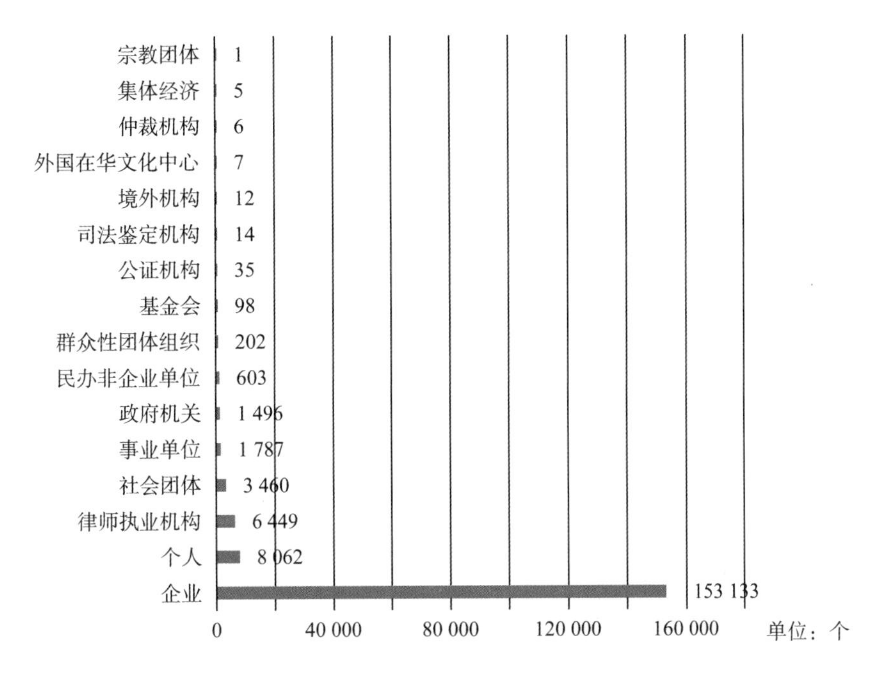

图 3-15　租赁和商务服务业网站按主体性质分类的数量情况

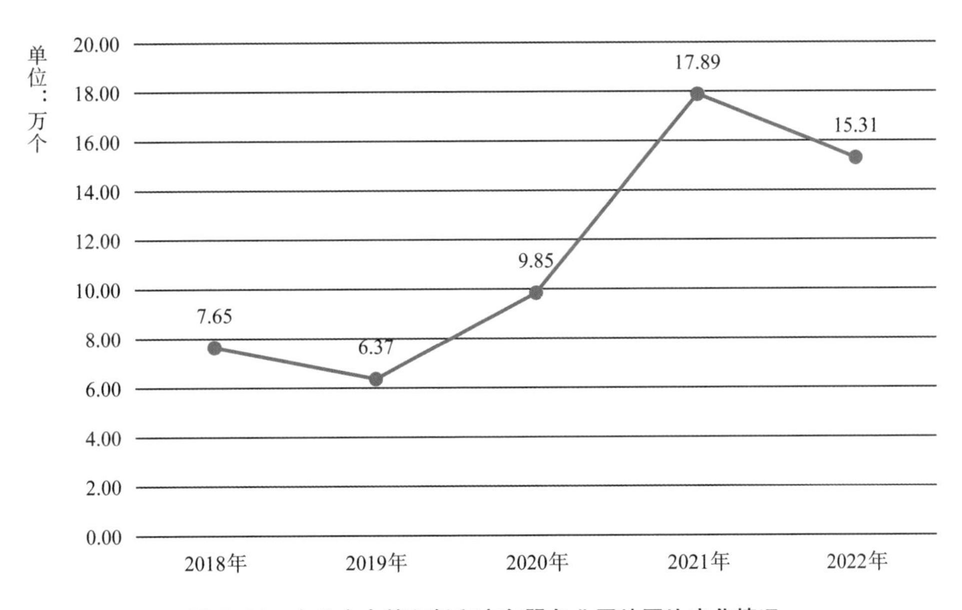

图 3-16　企业主办的租赁和商务服务业网站同比变化情况

2. 域名接入商

2022 年 138 家租赁和商务服务业网站域名接入商共接入 17.54 万个域名，接入量在 100 个以上的接入商共 35 家，其中排在前 20 的接入商如表 3-3 所示。

表 3-3　租赁和商务服务业网站中接入域名排名前 20 的接入服务商

序号	接入商单位名称	接入域名数(个)
1	中国电信股份有限公司四川分公司	4 010
2	阿里巴巴通信技术(北京)有限公司	3 326
3	北京中联网盟科技有限公司	3 256
4	中国电信集团有限公司	3 148
5	郑州市景安网络科技股份有限公司	3 046
6	中国移动通信集团有限公司	2 123
7	中国电信股份有限公司福建分公司	1 428
8	中国电信股份有限公司上海分公司	1 162
9	中国电信股份有限公司江苏分公司	1 142
10	中国移动通信集团天津有限公司	1 088
11	腾讯云计算(北京)有限责任公司	981
12	中国电信股份有限公司安徽分公司	813
13	中国电信股份有限公司广东分公司	647
14	中国联合网络通信集团有限公司	631
15	中国联合网络通信有限公司黑龙江省分公司	341
16	中国电信股份有限公司黑龙江分公司	318
17	中国联合网络通信有限公司北京市分公司	312
	中国电信股份有限公司陕西分公司	312
19	中国电信股份有限公司浙江分公司	311
20	中国电信股份有限公司江西分公司	298

2020—2022 年，租赁和商务服务业网站域名接入商及接入域名数量均呈先上升后下降的趋势。2018—2022 年的具体变化情况如图 3-17 所示。

3. 域名访问量

租赁和商务服务业网站排名前 10 的域名访问量总计 105 629 万次，访问量最高的域名是 openinstall. io。具体访问量如图 3-18 所示。

(五) 文化、体育和娱乐业及域名情况

发展体育文化产业可以满足广大群众的精神文化需求，是培育国民经济新增长点的有效措施；体育文化产业是延续中华优秀传统文化命脉、发挥中华优秀传统

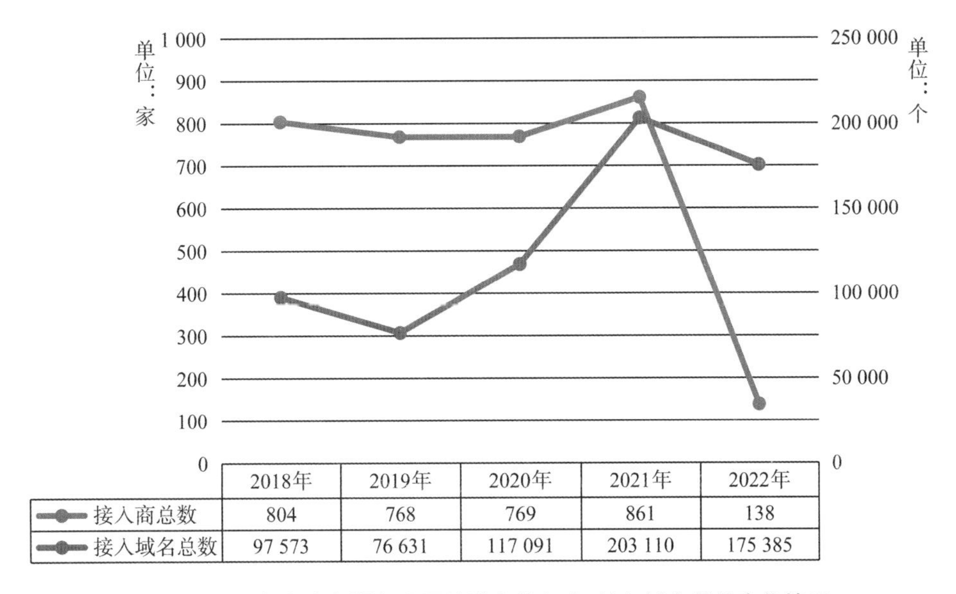

图 3-17 租赁和商务服务业网站域名接入商、接入域名数量变化情况

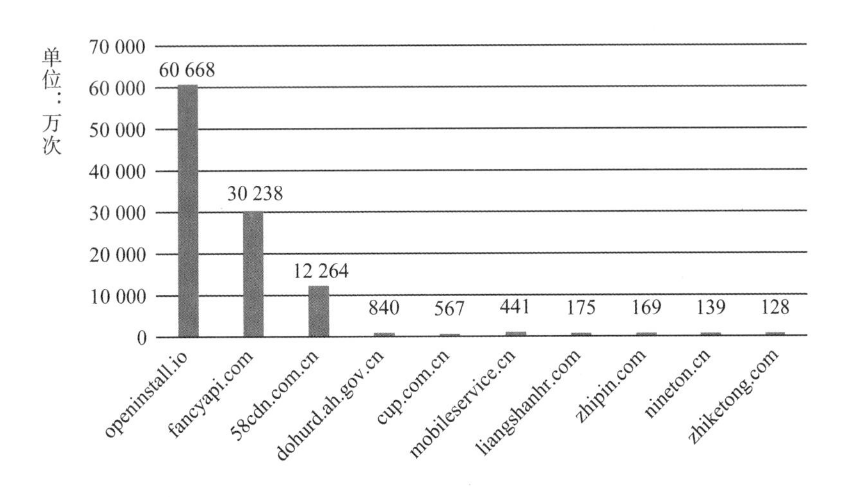

图 3-18 租赁和商务服务业网站排名前 10 的域名访问量

文化效能、提升文化自信的重要阵地；体育文化产业的发展是建设文化强国、体育强国的时代需求。

1. 主体性质

文化、体育和娱乐业网站主体性质主要包括企业、个人、事业单位、社会团队、政府机关等 15 类，其中企业网站占比达 72.90%。具体情况如图 3-19 所示。

2. 域名接入商

2022 年，134 家文化、体育和娱乐业域名接入商共接入 9.96 万个域名，接入量在 100 个以上的接入商共 28 家，其中排在前 20 的接入商如表 3-4 所示。

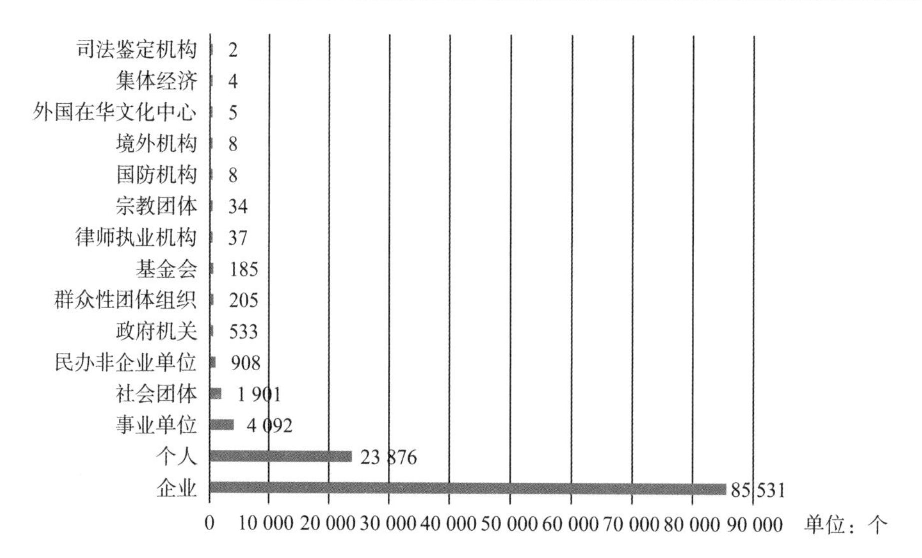

图 3-19　文化、体育和娱乐业网站按主体性质分类的数量情况

表 3-4　文化、体育和娱乐业网站中接入域名排名前 20 的接入服务商

序号	接入商单位名称	接入域名数(个)
1	阿里巴巴通信技术(北京)有限公司	2 737
2	中国电信集团有限公司	1 839
3	北京中联网盟科技有限公司	1 792
4	中国移动通信集团有限公司	1 727
5	中国电信股份有限公司四川分公司	1 624
6	郑州市景安网络科技股份有限公司	1 383
7	中国电信股份有限公司江苏分公司	960
8	腾讯云计算(北京)有限责任公司	832
9	中国电信股份有限公司福建分公司	595
10	中国移动通信集团天津有限公司	564
11	中国联合网络通信集团有限公司	493
12	中国电信股份有限公司上海分公司	484
13	中国电信股份有限公司广东分公司	278
14	中国电信股份有限公司湖北分公司	236
15	中国电信股份有限公司安徽分公司	230
16	中国电信股份有限公司浙江分公司	211

续表

序号	接入商单位名称	接入域名数(个)
17	中国电信股份有限公司江西分公司	189
18	中国移动通信集团广东有限公司	182
19	中国电信股份有限公司陕西分公司	162
20	中国联合网络通信有限公司黑龙江省分公司	159

3. 域名访问量

文化、体育和娱乐业网站排名前 10 的域名访问量总计 500 627 万次，访问量最高的域名是 mini1. cn。具体访问量如图 3-20 所示。

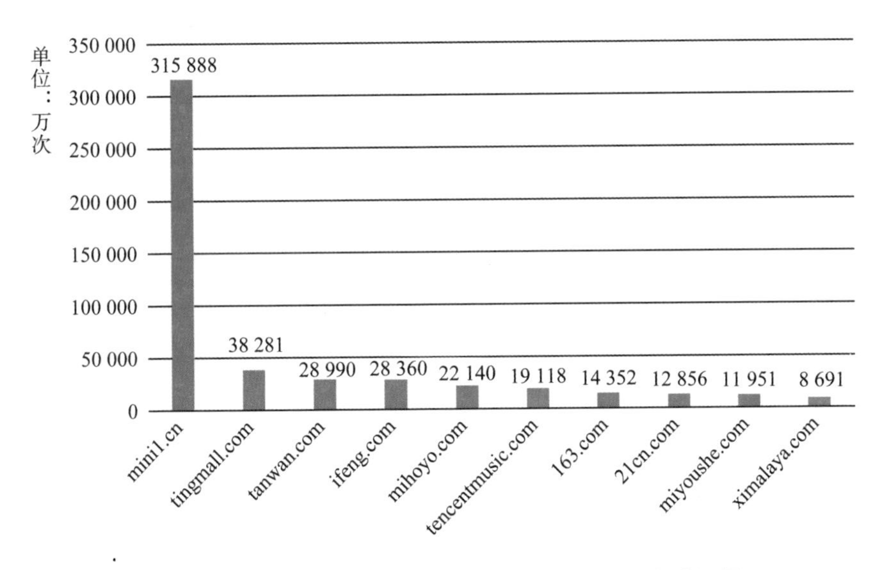

图 3-20　文化、体育和娱乐业网站排名前 10 的域名访问量

(六) 教育网站及域名情况

2022 年，教育信息化进一步深化落实，众多机构及资本进入在线教育领域，推动更多用户获得公平、个性化的教学服务。各类机构加速布局，在线教育网站数量增长明显。

1. 主体性质

教育网站主体性质主要是企业、个人、事业单位、社会团队、政府机关等 14 类，其中企业网站占比达 67.35%。具体情况如图 3-21 所示。

2020—2022 年，企业主办的教育网站数量呈先上升后下降趋势。2018—2022 年的具体变化情况如图 3-22 所示。

2. 域名接入商

2022 年，113 家教育网站域名接入商共接入 9.34 万个域名，接入量在 100 以上

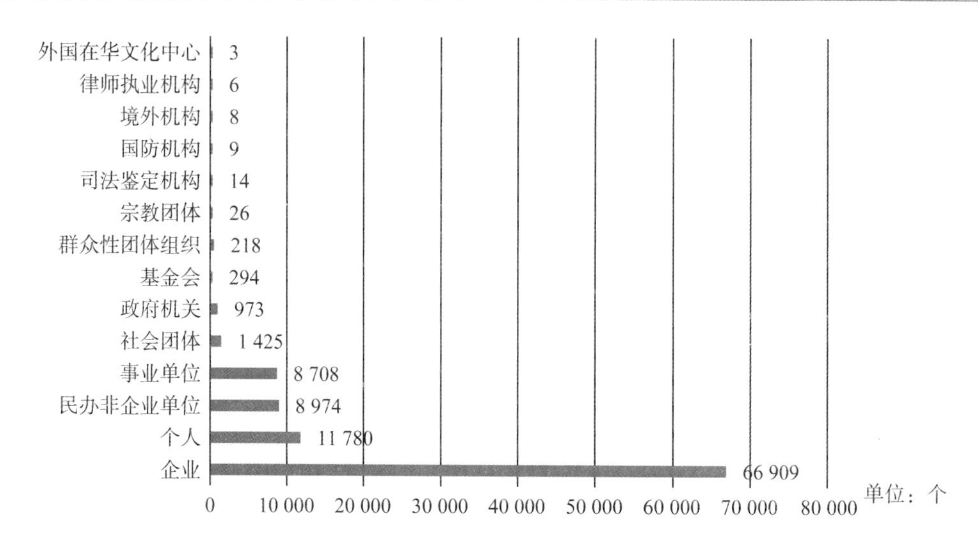

图 3-21 教育网站按主体性质分类的数量情况

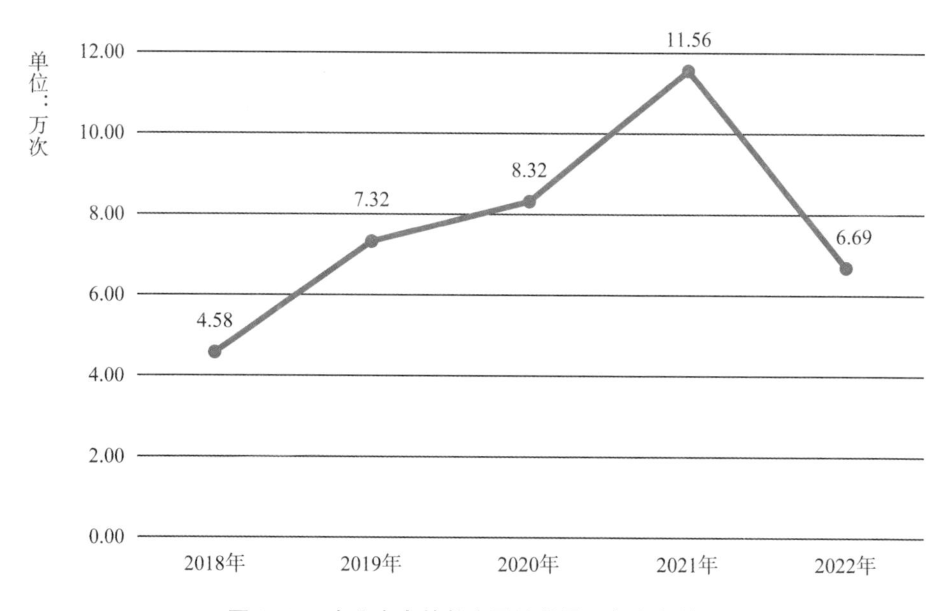

图 3-22 企业主办的教育网站数量历年变化情况

的接入商共 28 家，其中排在前 20 的接入商如表 3-5 所示。

表 3-5 教育网站中接入域名排名前 20 的接入服务商

序号	接入商单位名称	接入域名数(个)
1	中国电信集团有限公司	2 605
2	阿里巴巴通信技术(北京)有限公司	1 984
3	北京中联网盟科技有限公司	1 737
4	中国移动通信集团有限公司	1 652

续表

序号	接入商单位名称	接入域名数(个)
5	中国电信股份有限公司四川分公司	1 639
6	郑州市景安网络科技股份有限公司	1 461
7	腾讯云计算(北京)有限责任公司	727
8	中国电信股份有限公司江苏分公司	584
9	中国联合网络通信集团有限公司	440
10	中国移动通信集团天津有限公司	439
11	中国电信股份有限公司安徽分公司	409
12	中国电信股份有限公司上海分公司	379
13	中国电信股份有限公司福建分公司	373
14	中国电信股份有限公司广东分公司	274
15	中国联合网络通信有限公司黑龙江省分公司	205
16	中国电信股份有限公司江西分公司	201
17	中国电信股份有限公司湖北分公司	194
18	中国电信股份有限公司黑龙江分公司	162
19	中国移动通信集团广东有限公司	151
20	中国联合网络通信有限公司北京市分公司	142

2020—2022 年，教育网站域名接入商变化巨大，域名接入数量呈先上升后下降的趋势。2018—2022 年的具体变化情况如图 3-23 所示。

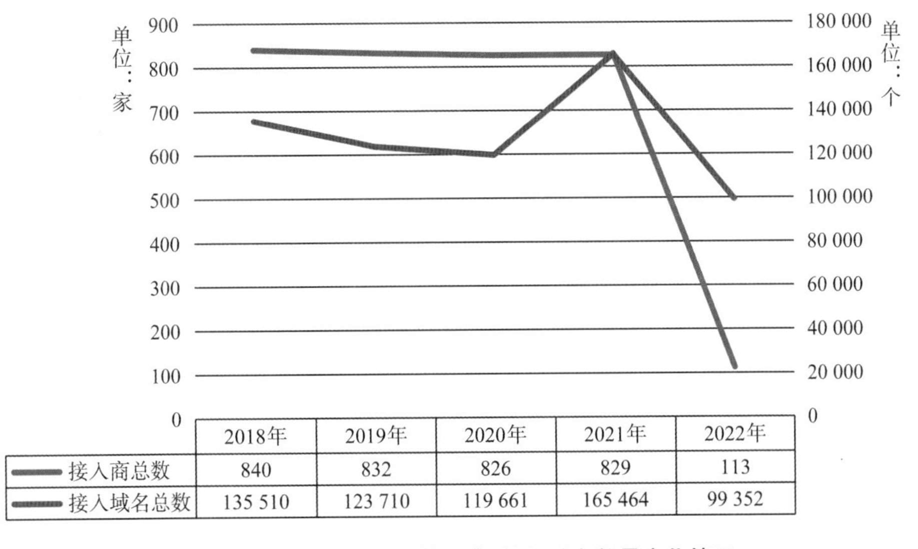

	2018年	2019年	2020年	2021年	2022年
接入商总数	840	832	826	829	113
接入域名总数	135 510	123 710	119 661	165 464	99 352

图 3-23　教育网站域名接入商、接入域名数量变化情况

3. 域名访问量

教育网站排名前 10 的域名访问量总计 47 555 万次,访问量最高的域名是 zuoyebang.cc。排名前 10 的域名具体访问量如图 3-24 所示。

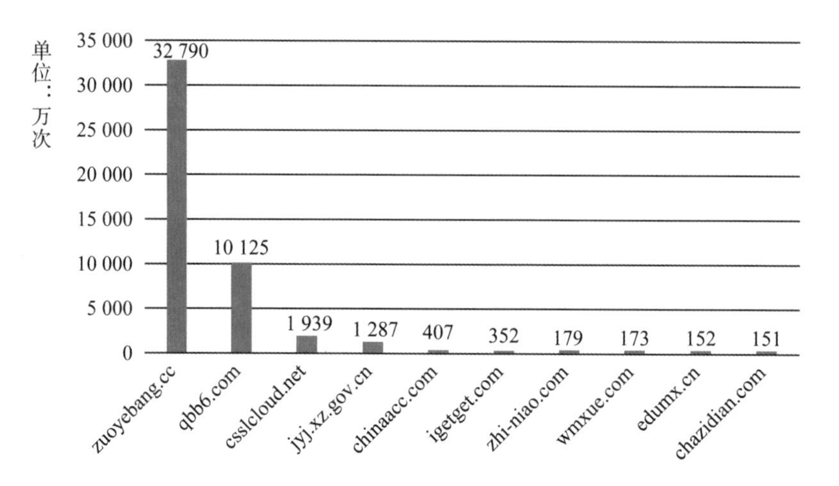

图 3-24 教育网站排名前 10 的域名访问量

(七) 科学研究和技术服务业网站及域名情况

随着我国经济发展进入新常态,新一轮科技革命和产业变革蓬勃兴起,科学研究和技术服务业应不断解放思想,加大投入力度,向创新纵深推进。

1. 主体性质

科学研究和技术服务业网站主体性质主要包括企业、个人、事业单位、社会团队、政府机关等 13 类,其中企业网站占比达 85.60%。具体情况如图 3-25 所示。

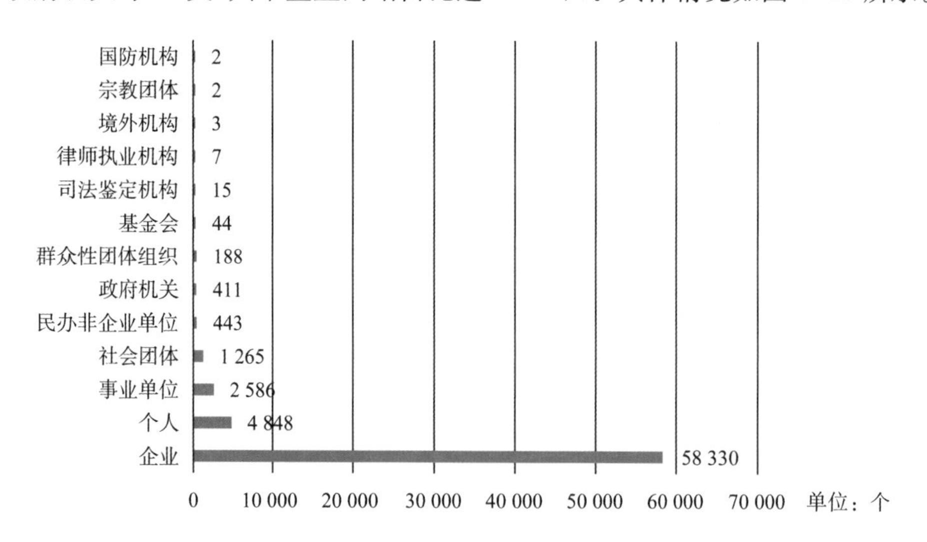

图 3-25 科学研究和技术服务业网站按主体性质分类的数量情况

2020—2022 年，企业主办的科学研究和技术服务业网站数量呈先上升后下降的趋势。2018—2022 年的具体变化情况如图 3-26 所示。

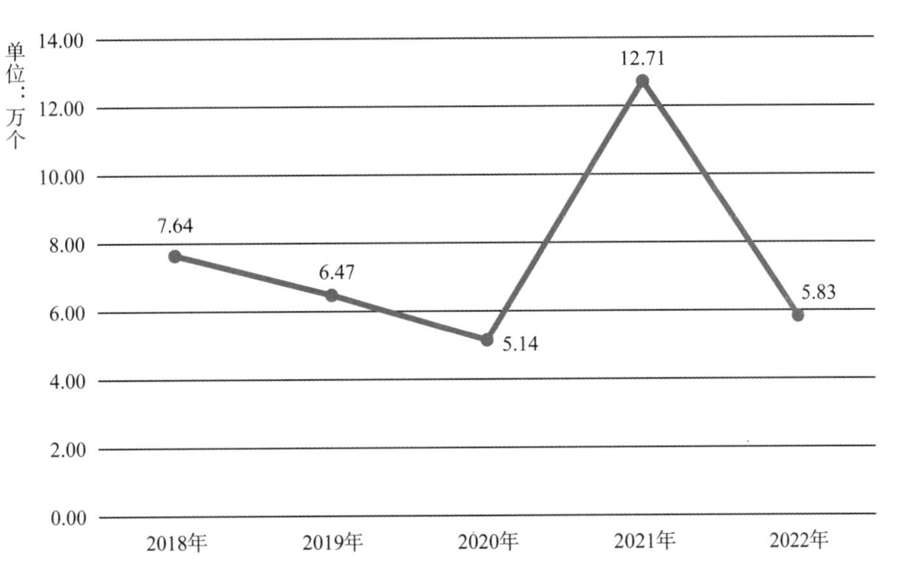

图 3-26　企业主办的科学研究和技术服务业网站数量历年变化情况

2. 域名接入商

2022 年，112 家科学研究和技术服务业网站域名接入商共接入 6.37 万个域名，接入量在 100 个以上的接入商共 26 家，其中排在前 20 的接入商如表 3-6 所示。

表 3-6　科学研究和技术服务业网站中接入域名排名前 20 的接入服务商

序号	接入商单位名称	接入域名数(个)
1	中国移动通信集团天津有限公司	2 263
2	中国移动通信集团有限公司	1 501
3	北京中联网盟科技有限公司	1 188
4	中国电信股份有限公司四川分公司	1 172
5	中国电信集团有限公司	1 098
6	阿里巴巴通信技术(北京)有限公司	1 090
7	郑州市景安网络科技股份有限公司	873
8	中国电信股份有限公司浙江分公司	673
9	中国电信股份有限公司福建分公司	558
10	腾讯云计算(北京)有限责任公司	505
11	中国电信股份有限公司江苏分公司	419
12	中国电信股份有限公司上海分公司	409
13	中国联合网络通信集团有限公司	377

续表

序号	接入商单位名称	接入域名数(个)
14	中国电信股份有限公司安徽分公司	310
15	中国电信股份有限公司广东分公司	244
16	中国电信股份有限公司黑龙江分公司	165
17	北京百度网讯科技有限公司	164
18	中国联合网络通信有限公司黑龙江省分公司	163
19	中国联合网络通信有限公司北京市分公司	145
20	北京天地祥云科技有限公司	143

2020—2022 年,科学研究和技术服务业网站域名接入商及接入域名数量呈先上升后下降的趋势。2018—2022 年的具体变化情况如图 3-27 所示。

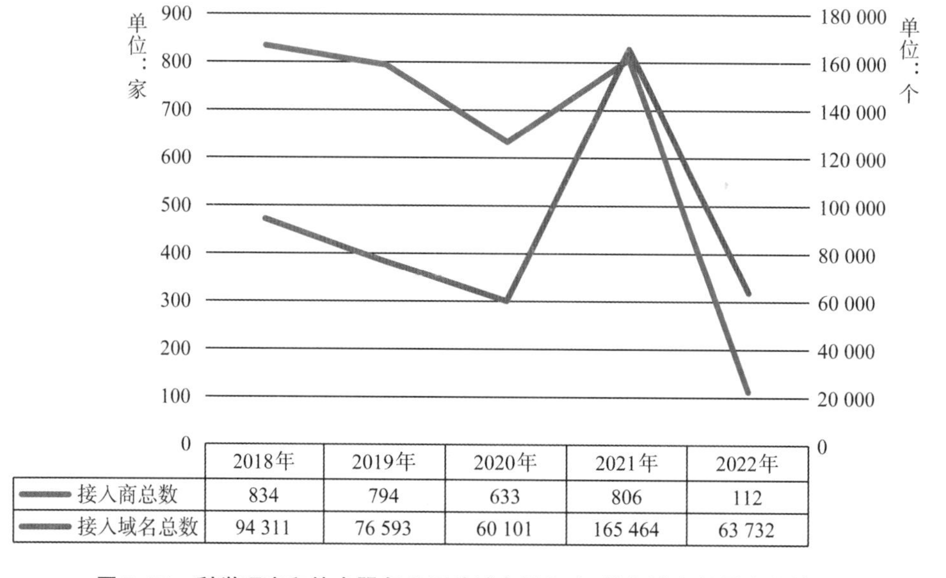

	2018年	2019年	2020年	2021年	2022年
接入商总数	834	794	633	806	112
接入域名总数	94 311	76 593	60 101	165 464	63 732

图 3-27　科学研究和技术服务业网站域名接入商、接入域名数量变化情况

第四部分　全国移动应用概况[①]

截至 2022 年 12 月，我国网民规模达 10.67 亿，其中手机网民规模达 10.65 亿，占比高达 99.81％，以手机等移动智能设备为载体的移动互联网应用程序（以下简称移动应用或 APP）已成为当前人民生活和经济发展中不可或缺的关键要素。从应用类型上看，APP 已实现生活场景全覆盖，形成围绕个人需求的完整闭环，特别是在新冠疫情暴发后，在线教育、网络直播、网络购物类应用的用户规模增长显著。然而，移动应用在为人们提供便捷服务的同时，关于用户数据违规收集、数据恶意滥用等风险问题也层出不穷。下面介绍移动应用概况。

（一）APP 资产总量统计

梆梆安全移动应用监管平台对国内外 600＋活跃应用市场实时监测的数据显示，截至 2022 年 12 月 31 日发布的应用中，归属于全国的 Android 应用总量为 4 032 111 个，涉及开发者总量 349 328 家。其中 2022 年 1 月 1 日至 2022 年 12 月 31 日发布的应用中，归属于全国的 Android 应用总量为 852 258 款，涉及开发者总量 160 033 家。（上述数据已针对同一 APP 的不同版本数去重）

（二）APP 分布区域概况

从 APP 分布的区域来看，广东省 APP 数量位居第一，约占全国 APP 总量的 20.65％，位居第二、第三的区域分别是北京市和上海市，对应归属的 APP 数量是 172 078、90 598 个。具体分布图如图 4-1 所示。

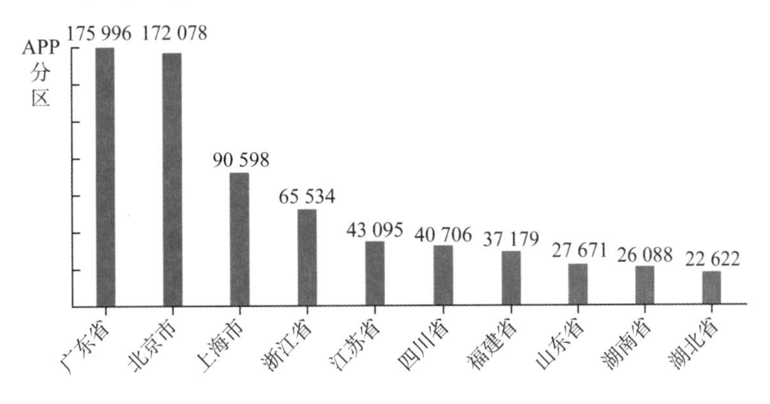

图 4-1　全国 APP 区域分布图 TOP10

① 本部分数据来源：北京梆梆安全科技有限公司。

(三) APP 上线渠道分布

根据梆梆安全移动应用监管平台的统计,2022 年 1 月 1 日至 2022 年 12 月 31 日发布的应用中,全国 APP 分发的应用市场有 1 332 家,我们对全国 APP 数量排名前 10 的渠道做了统计分析发现,位居渠道前三名的分别为华为应用市场、小米商店、安粉丝,应用数量 TOP10 市场如图 4-2 所示。

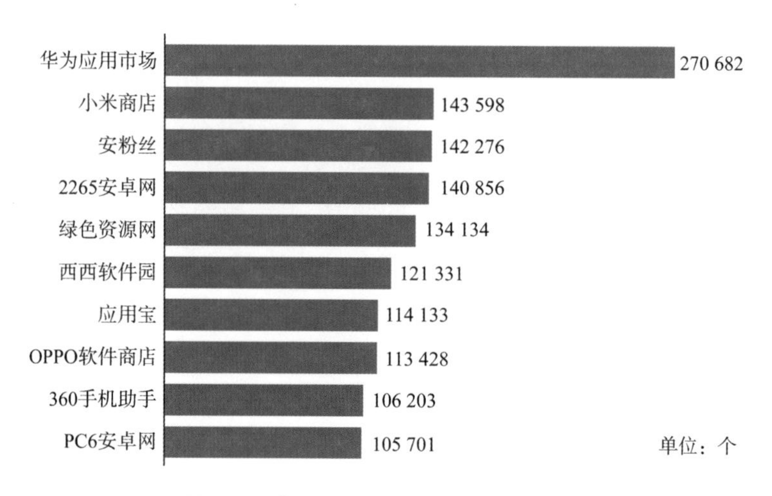

图 4-2　全国 APP 渠道分布情况 TOP10

(四) 各类型 APP 占比分析

我们将全国 APP 按功能和用途划分为 18 种类型。其中,实用工具类 APP 数量稳居首位,占全国 APP 总量的 15.13%;教育学习类 APP 位居第二,占全国 APP 总量的 11.95%;生活服务类 APP 排名第三,占全国 APP 总量的 10.91%。各类型 APP 占比情况如图 4-3 所示。

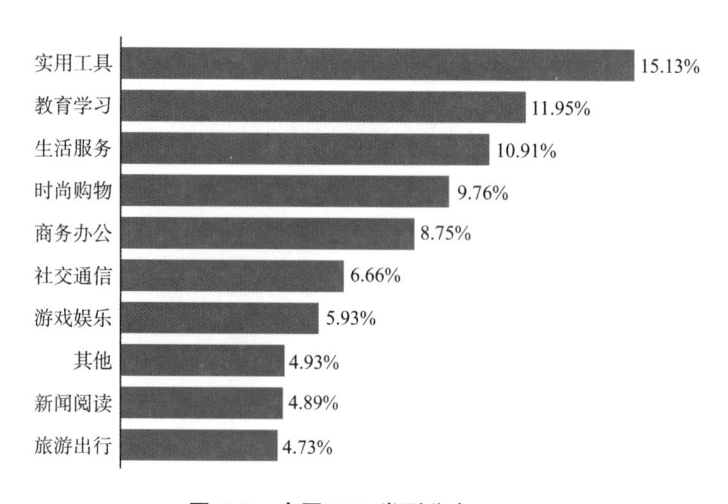

图 4-3　全国 APP 类型分布 TOP10

（五）APP开发（运营）企业分析

梆梆安全移动应用监管平台对全国Android应用的开发（运营）企业进行统计分析发现，北京云度互联科技有限公司发布APP数量最多，共285款，其次是广州鑫晟网络科技有限公司，旗下拥有225款APP。表4-1是2022年发布APP数量TOP10企业相关信息。

表4-1　2022年发布APP数量TOP10企业相关信息

开发（运营）企业名称	应用数量（个）	工商注册地
北京云度互联科技有限公司	285	北京市大兴区
广州鑫晟网络科技有限公司	225	广东省广州市海珠区
广州小炮火网络科技有限公司	186	广东省广州市天河区
广州爱九游信息技术有限公司	182	广东省广州市天河区
杭州盈搜科技有限公司	168	浙江省杭州市上城区
广州指动网络科技有限公司	149	广东省广州市天河区
浙江畅唐网络股份有限公司	139	浙江省杭州市滨江区
深圳压寨网络有限公司	139	广东省深圳市南山区
长春创世麒麟科技有限公司	138	吉林省长春市高新区
广州龙干科技有限公司	135	广东省广州市天河区

第五部分　全国移动应用安全分析概况[①]

(一) 风险数据综合统计

《2022 年 Q4 移动互联网行业数据研究报告》显示，移动网民人均安装 73 款 APP，人均每日花在各类 APP 上的时长为 5.3 个小时，APP 成为用户最依赖的互联网入口。与此同时，移动 APP 的安全隐患日益凸显。整体来看，风险集中在数据违规收集、数据恶意滥用、数据非法获取、数据恶意散播。这些风险广泛存在于当前主流 APP 中，严重威胁数据安全与个人信息安全。

梆梆安全移动应用监管平台通过调用不同类型的自动化检测引擎，对全国 Android 应用进行了抽样检测，风险应用从盗版(仿冒)、境外数据传输、高危漏洞、个人隐私违规 4 个维度综合统计。具体如图 5-1 所示。

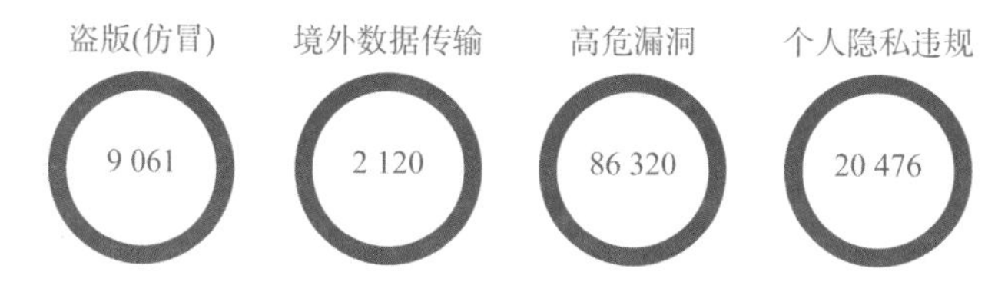

图 5-1　风险应用 4 个维度综合统计

(二) 漏洞风险分析

1. 各等级漏洞概况

从全国的 Android APP 中随机抽取了 175 310 款进行漏洞检测发现，存在漏洞威胁的 APP 为 115 640 个，即 65.96%的 APP 存在漏洞风险。存在不同风险等级漏洞的 APP 占比如图 5-2 所示(同一个应用可能存在多个等级漏洞)。

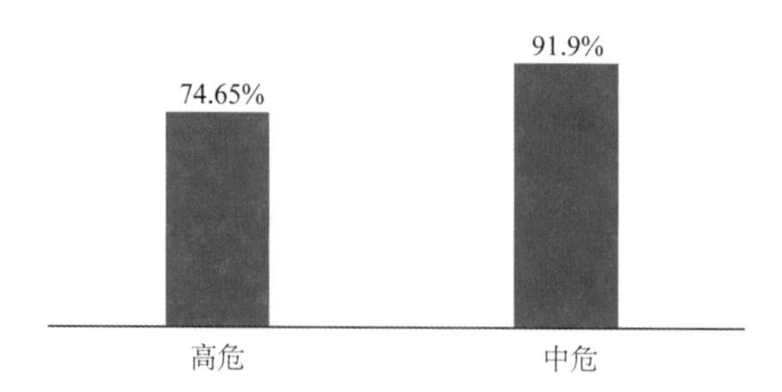

图 5-2　不同风险等级漏洞的 APP 占比

① 本部分数据来源：北京梆梆安全科技有限公司。

2. 各漏洞类型占比分析

我们对不同类型的漏洞进行了统计，应用漏洞数量排名前三的类型分别为Java代码反编译风险、应用数据任意备份风险以及Webview File同源策略绕过漏洞。各漏洞类型占比情况如图5-3所示。

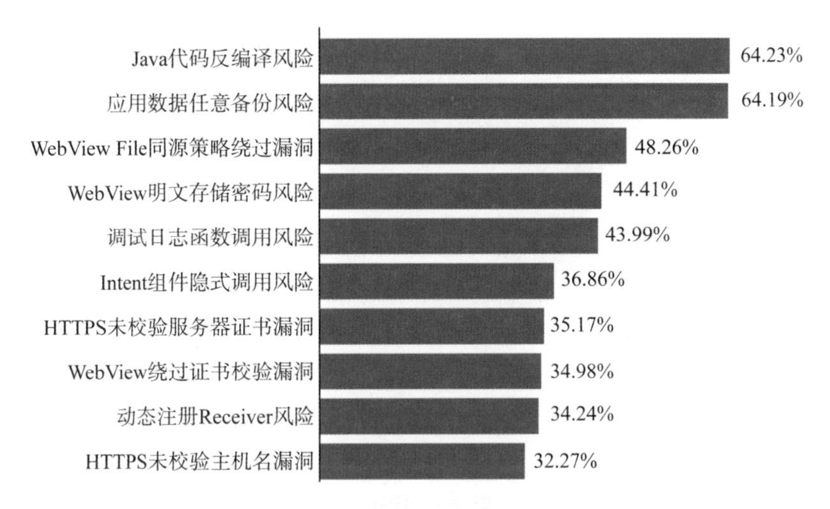

图5-3　漏洞类型占比排行TOP10

以上所示的大部分安全漏洞是可以通过使用商业版应用加固方案解决的，也从另外一个层面说明应用的运营者和开发者重功能、轻安全防护，安全意识不足。

3. 存在漏洞的APP各类型占比分析

从APP类型来看，实用工具类APP存在的漏洞风险最多，占漏洞APP总量的14.33%；其次为生活服务类APP，占比11.31%；教育学习类APP位居第三，占比10.51%。漏洞数量排名前10的类型如图5-4所示。

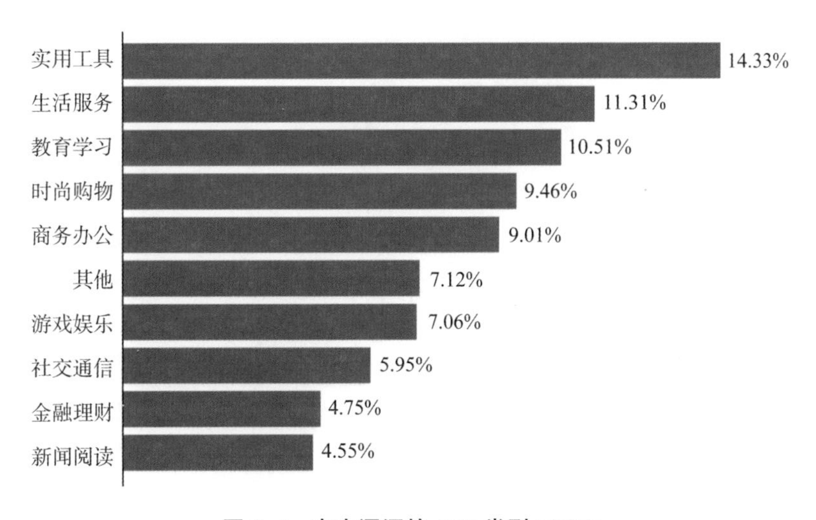

图5-4　存在漏洞的APP类型TOP10

4. 存在漏洞的APP区域分布情况

从APP归属的区域来看,北京市存在漏洞风险的APP数量最多,占全国APP总量的17.76%;其次为广东省,占比17.16%;上海市位居第三,占比15.74%。各区域漏洞APP占比TOP10如图5-5所示。

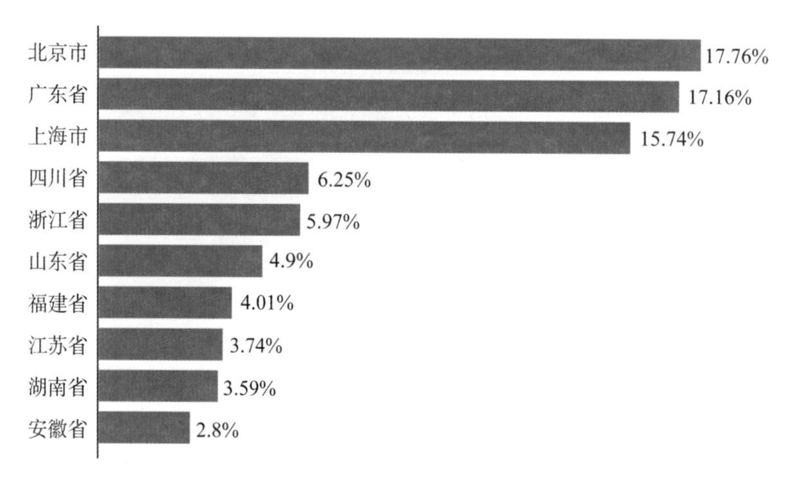

图5-5　存在漏洞的APP区域分布TOP10

(三) 盗版(仿冒)风险分析

2022年9月,国家版权局、国家互联网信息办公室、工业和信息化部、公安部联合启动打击网络侵权盗版"剑网2022"专项行动,严厉打击短视频、网络直播、体育赛事、在线教育等领域的侵权盗版行为,国家版权局官方信息显示,截至2022年11月底,共查处网络侵权盗版案件1 500余件,删除侵权盗版链接110万余条,关闭侵权盗版网站1 600余个。所谓盗版APP,指未经版权所有人同意或授权的情况下,利用非法手段在原APP中加入恶意代码,进行二次发布,造成用户信息被泄露、手机感染病毒或者其他安全危害的APP。

1. 盗版(仿冒)APP各类型占比分析

从全国的Android APP中随机抽取154 898款进行盗版(仿冒)引擎分析,检测出盗版(仿冒)APP 9 061个,其中,实用工具、生活服务、教育学习类APP是山寨APP的重灾区,各类型占比情况如图5-6所示。

2. 盗版(仿冒)APP渠道分布情况

梆梆安全移动应用监管平台检测到的9 061个盗版(仿冒)应用,其发布渠道主要分布在中小规模甚至是不知名的应用市场。其中,西西软件园出现盗版(仿冒)APP的次数最多,出现盗版(仿冒)APP数量最多的前10个应用市场如图5-7所示。

(四) 境外数据传输分析

在数字经济时代,数据的开放和共享对全球经济增长具有较强的驱动作用。

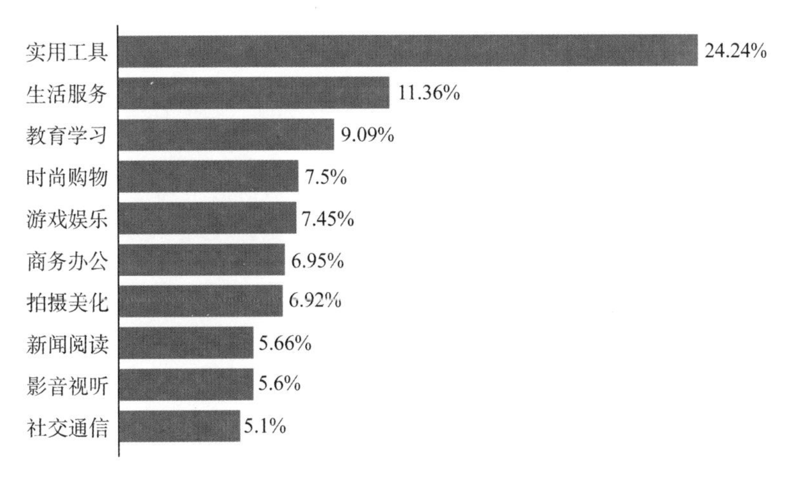

图 5-6　盗版(仿冒)APP 各类型占比情况

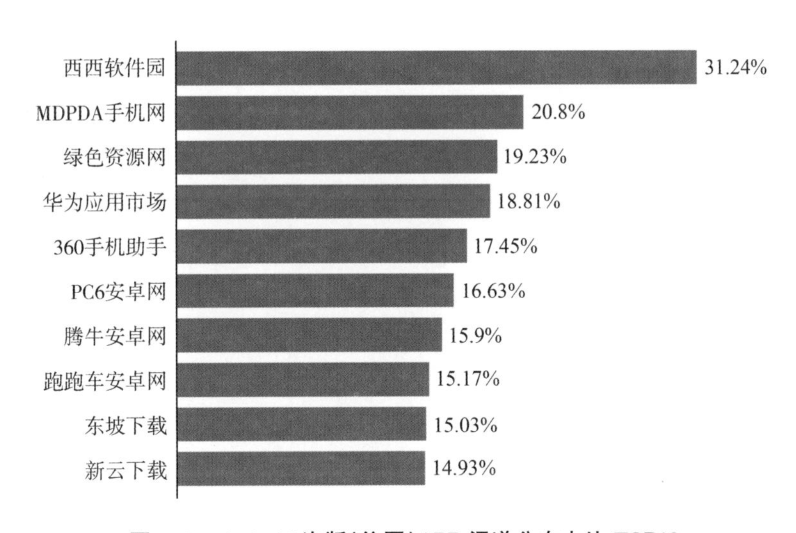

图 5-7　Android 盗版(仿冒)APP 渠道分布占比 TOP10

根据美国布鲁金斯学会测算,全球数据跨境流动对全球 GDP 增长的推动作用已经超过贸易和投资。中国作为“数据大国”,保证数据出境安全,不仅是提高数字经济全球竞争力的基础,更是守护国家安全的保障。

2022 年 7 月 7 日,国家互联网信息办公室(以下简称“网信办”)发布了《数据出境安全评估办法》,旨在细化和落实《中华人民共和国网络安全法》第 37 条、《中华人民共和国数据安全法》第 31 条、《中华人民共和国个人信息保护法》第 36、38、40 条等条款中有关数据出境的规定,均强调对个人信息和重要数据出境安全的保护,充分体现了我国通过加强数据跨境监管,维护国家安全的监管思路。

1. 境外 IP 地址分析

从全国的 Android APP 中随机抽取 34 983 款 Android APP 进行境外数据传输引擎分析,发现其中 2 120 款应用存在往境外的 IP 传输数据的情况,从统计数据来看,发往美国的最多,占比 71.51%;其次是发往澳大利亚的,占比 6.79%。不论是针对移动应用程序自身程序代码的数据外发行为,还是针对第三方 SDK 的境外数据外发行为,都建议监管部门加强对数据出境行为的监管,尤其要监管发往美国的数据。如图 5-8 所示。

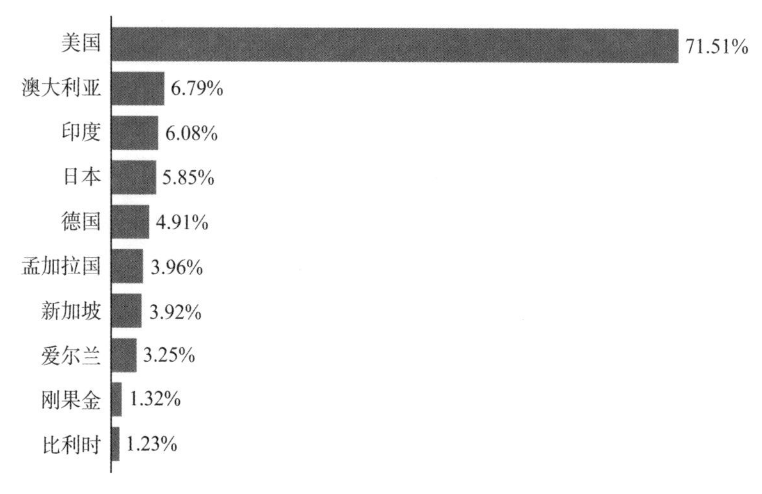

图 5-8　数据传输至境外国家占比排行 TOP10

2. 境外传输数据 APP 各类型占比分析

从 APP 类型来看,游戏娱乐类 APP 往境外 IP 传输数据的情况最多,占境外传输 APP 总量的 15.28%;其次为实用工具类 APP,占比 14.15%;生活服务类 APP 占境外传输数据 APP 总量的 9.81%,位列第三。如图 5-9 所示。

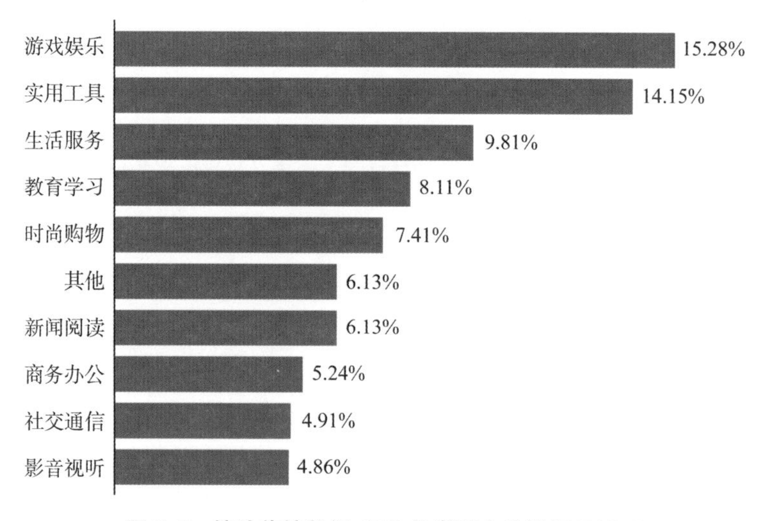

图 5-9　境外传输数据 APP 各类型占比排行 TOP10

(五) 个人隐私违规分析

2021 年的央视“3・15”晚会的短片中,技术人员检测了一款名为“手机管家

Pro"的 APP，发现其表面是在进行清理手机垃圾，实质上则暗中获取用户手机信息，短短 8.75 秒的时间就读取手机应用安装列表 800 多次，读取移动用户识别码 IMSI 1 300 多次，读取手机 GPS 定位 50 多次。这类 APP 不断收集用户信息，进行用户画像，然后实现广告的精准推送，赚取点击量，获取广告分成，侵害用户权益。用户手机上存储的个人信息被各种 APP 觊觎，个人信息在网络空间的合法权益遭到挑战且呈现愈演愈烈的趋势；APP 强制频繁索权，违法违规收集使用用户个人信息问题普遍存在，亟须整治。

1. 个人隐私违规 APP 各类型占比分析

作为需要联网才能正常工作的移动应用，采集网络权限、系统权限以及 WiFi 权限比较正常，但移动应用是否应该采集用户短信、电话以及位置等"危险权限"，则需要根据应用本身的合法业务需求进行分析。基于国家《信息安全技术 个人信息安全规范》《APP 违法违规收集使用个人信息行为认定方法》《常见类型移动互联网应用程序必要个人信息范围规定》等相关要求，从全国的 Android APP 中随机抽取 34 983 款进行合规引擎分析，检测出 58.53%的 APP 涉及隐私违规现象，如违规收集个人信息，APP 强制、频繁、过度索取权限，APP 频繁自启动和关联启动等。各违规类型占比情况如图 5-10 所示。

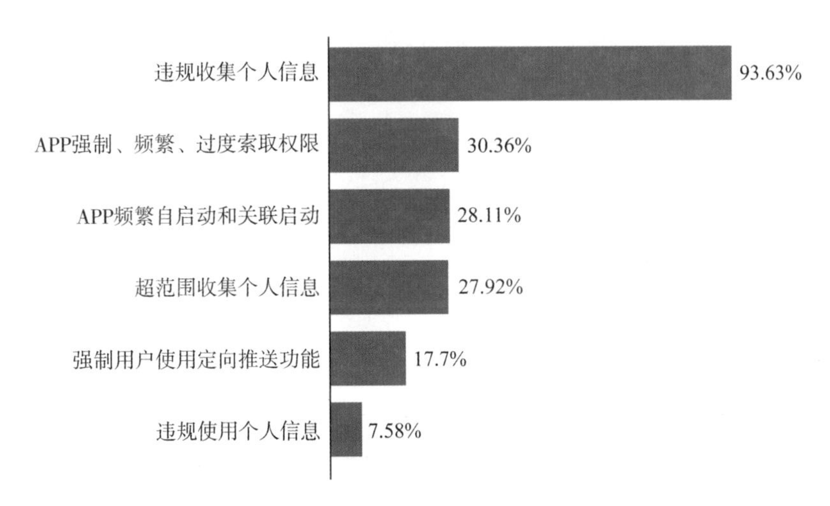

图 5-10　个人隐私违规 APP 各类型占比情况

2. 个人隐私违规 APP 各类型排行

从 APP 类型来看，实用工具类 APP 存在的个人隐私违规问题最多，占检测总量的 13.16%，其中五成以上的实用工具类 APP 涉及频繁申请权限问题；生活服务类 APP 存在的隐私违规问题占检测总量的 12.68%，位居第二；时尚购物类 APP 存在的隐私违规问题占检测总量的 10.94%，位居第三。涉及个人隐私违规 APP 各类型占比 TOP10 如图 5-11 所示。

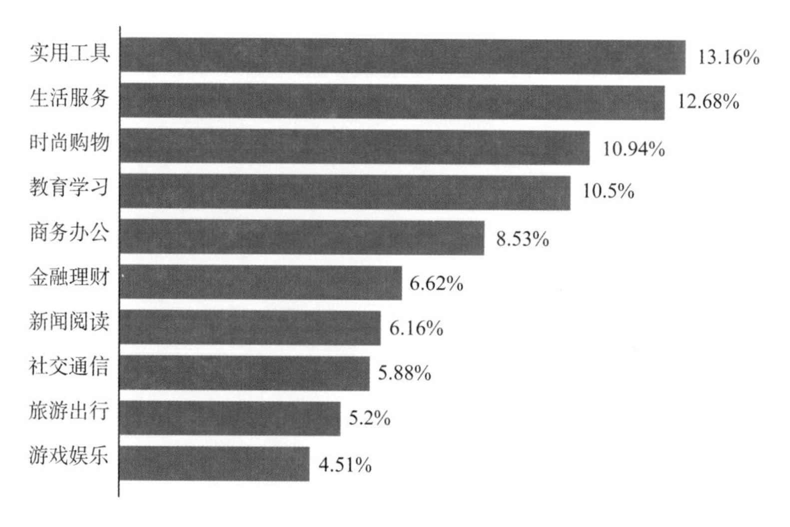

图 5-11　个人隐私违规 APP 类型占比 TOP10

(六) 第三方 SDK 风险分析

1. 第三方 SDK 概况

第三方 SDK 是一种由广告平台、数据提供商、社交网络和地图服务提供商等第三方服务公司开发的工具包,APP 开发者、运营者出于开发成本、运行效率考量,普遍在 APP 开发设计过程中使用第三方软件开发包(SDK)简化开发流程。如果一个 SDK 有安全漏洞,可能会导致所有包含该 SDK 的应用程序受到攻击。从全国的 Android APP 中随机抽取 101 698 款进行第三方 SDK 引擎分析,检测出 98.31%的应用内置了第三方 SDK,其中内置了 Android Support Library V4 的应用最多,占比 54.37%;其次为 Android Support Library Compat,占比 53.08%;排在第三的为微信 SDK,占比 47.49%。详见图 5-12。

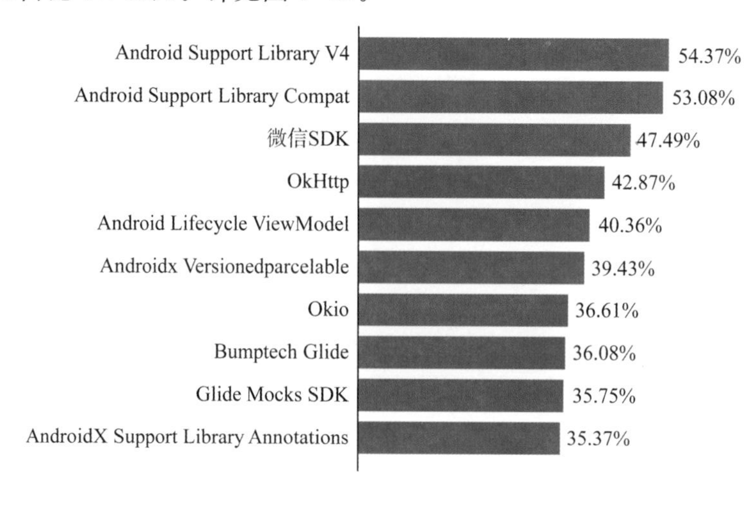

图 5-12　第三方 SDK 占比排行 TOP10

2. 内置第三方 SDK 应用各类型占比分析

从 APP 类型来看，实用工具类 APP 内置第三方 SDK 的数量最多，占比 13.76%；其次为教育学习类 APP，占比 10.51%；生活服务类 APP 位列第三，占比 9.68%。详见图 5-13。

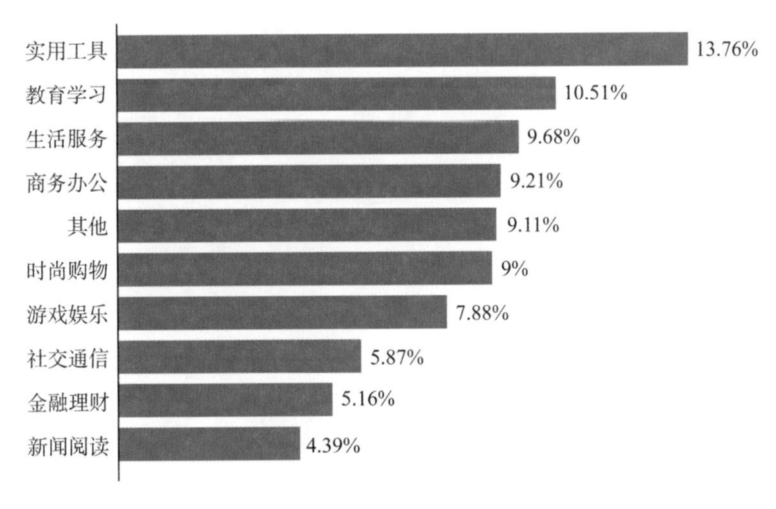

图 5-13　内置第三方 SDK 应用各类型占比排行 TOP10

（七）应用加固现状分析

1. 应用加固概况

随着移动 APP 渗透到人们生活的方方面面，黑灰产业也随之壮大，应用若没有防护，则无异于“裸奔”，对 APP 进行安全加固可有效防止其被逆向分析、反编译、二次打包、恶意篡改等。从全国的 Android APP 中随机抽取 558 405 款进行加固引擎检测，检测出已加固的应用仅占应用总量的 38.81%。详见图 5-14。

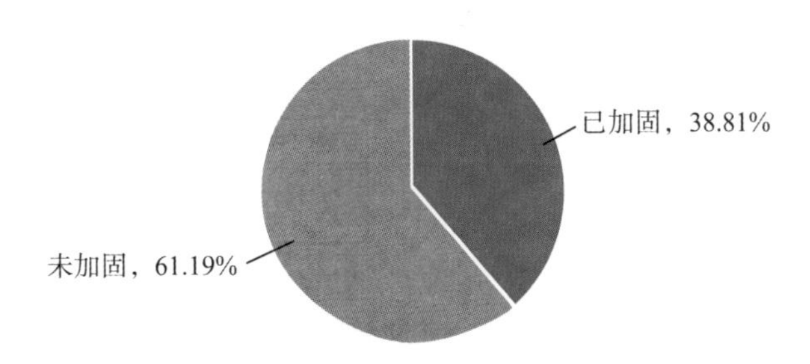

图 5-14　已加固应用和未加固应用占比情况

2. 各类型应用加固占比分析

从应用类型来看，党政机关类 APP 加固率最高，占党政机关类 APP 总量的 68.48%；其次为金融理财类 APP，占金融理财类 APP 总量的 62.13%；排在第三位的为拍摄美化类 APP，占拍摄美化类 APP 总量的 48.57%。已加固 APP 占比排名前 10 的应用类型如图 5-15 所示。

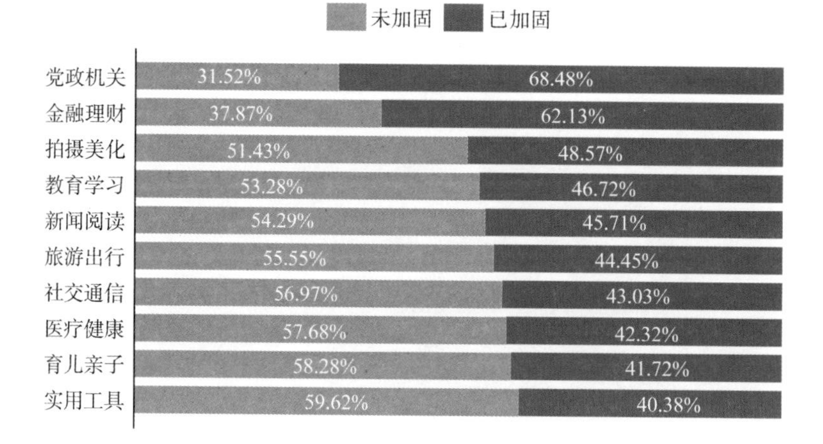

图 5-15　已加固 APP 类型占比排行 TOP10

第六部分　安全专题

(一) 中国移动互联网应用安全加固情况分析①

1. 加固应用占比情况

2022 年度,中国境内共发现 Android 应用 3 338 294 个,其中使用了加固方案进行安全加固的应用 332 088 个,占比 9.95%;未进行安全加固的应用 3 006 206 个,占比 90.05%。如图 6-1 所示。

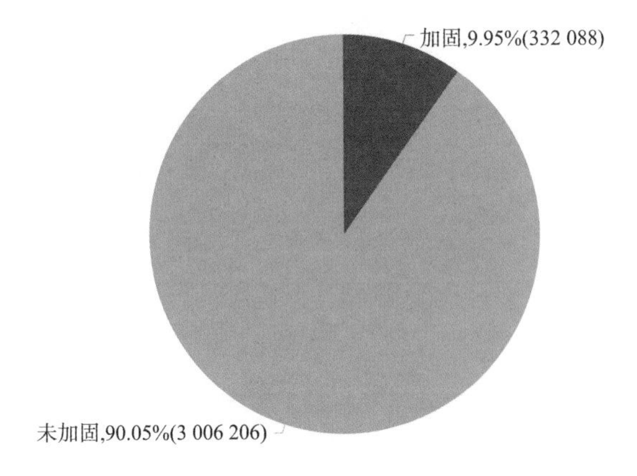

图 6-1　2022 年度加固应用占比情况

2. 加固应用占比变化情况

2022 年度移动应用加固情况与 2021 年度的对比情况如图 6-2 所示。

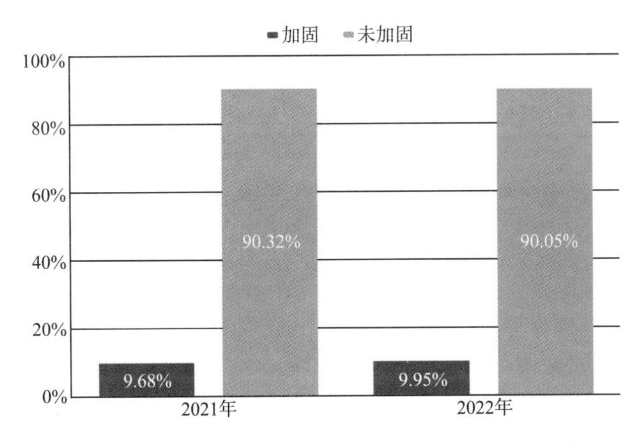

图 6-2　2022 年度与 2021 年度加固应用占比对比情况

① 本部分数据来源:腾讯安全联合实验室。

从图中可以看出，在加固应用占比方面，相较于2021年，2022年的加固数据有较小幅度提升，加固应用占比由9.68%增长为9.95%，增长了0.27%，加固应用自身有2.89%的提升。

3. 具体加固方案分布情况

2022年度，在使用了加固方案进行安全加固的应用中，具体使用的加固方案分布情况及具体占比情况如图6-3所示。

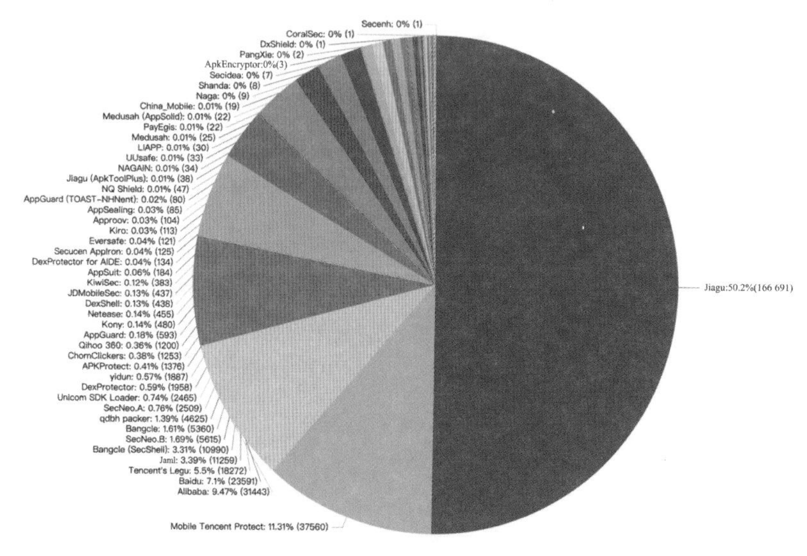

图6-3 2022年度加固方案分布及占比情况

其中，使用最广泛的加固方案有：来自奇虎360公司的360加固保（Jiagu，占比50.2%），来自腾讯安全的T-Sec手游安全（Mobile Tencent Protect，占比11.31%），来自阿里巴巴的移动应用安全加固（Alibaba，占比9.47%）等。下一小节中会详细列举占比TOP10的加固方案的具体情况。

4. TOP10加固方案详情

2022年度移动应用加固方案数量TOP10情况如图6-4所示。

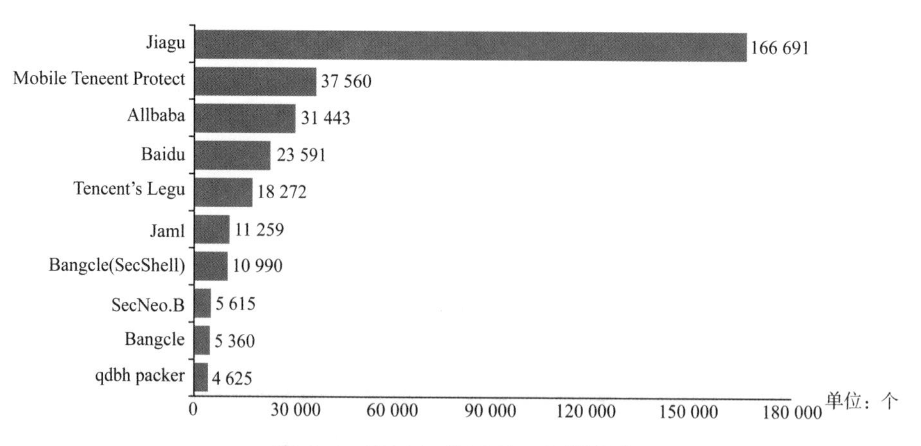

图6-4 2022年度TOP10加固方案

（二）DDoS 攻防态势观察①

2022 全年共发生 DDoS 攻击 91 万余次，最大 DDoS 攻击流量达到 2.08Tbps，相比去年同期增长 56.8%。

2022 年，是跌宕起伏的一年。一方面，数字化经济的蓬勃发展，元宇宙、VR 游戏、NFT 等概念方兴未艾，线上消费、远程办公、数字化系统进一步发展；另一方面，世界经济还在经历疫情带来的阵痛，全球黑产动作频频，阿里云在四层检测到了史上最大的流量攻击，攻击手段更加智能化、隐蔽化，单一的防护策略遭遇瓶颈。

1. 攻击分布呈现两极分化，云平台治理初见成效；300 Gbps 以上大流量攻击数量提升 29.6%

经过云平台一年的治理，清退部分恶意用户，以消耗网络带宽为目标的大流量攻击数量对比往年下降 29.4%，主要为 100 Gbps 以下的攻击事件降低 27.9%，云平台被误伤风险降低；但 300 Gbps 以上的攻击事件仍提升了 29.6%，连续四年高增长，DDoS 攻击态势呈现两极分布。详见图 6-5。

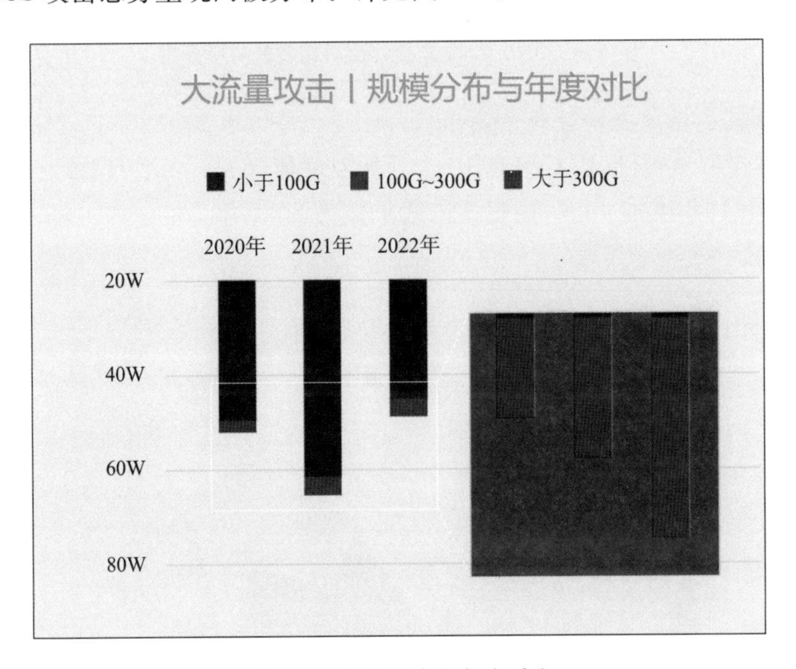

图 6-5　规模分布与年度对比

2. 大流量攻击峰值达到 2.08 Tbps，相比 2021 年同期增长 56.8%；全年有 9 个月攻击峰值超过 T 级别

攻击峰值连续 4 年持续走高，相比 2019 年增加近 4 倍，达到 2.08 Tbps，DDoS 防御态势依旧严峻。详见图 6-6。

① 本部分数据来源：阿里云计算有限公司。

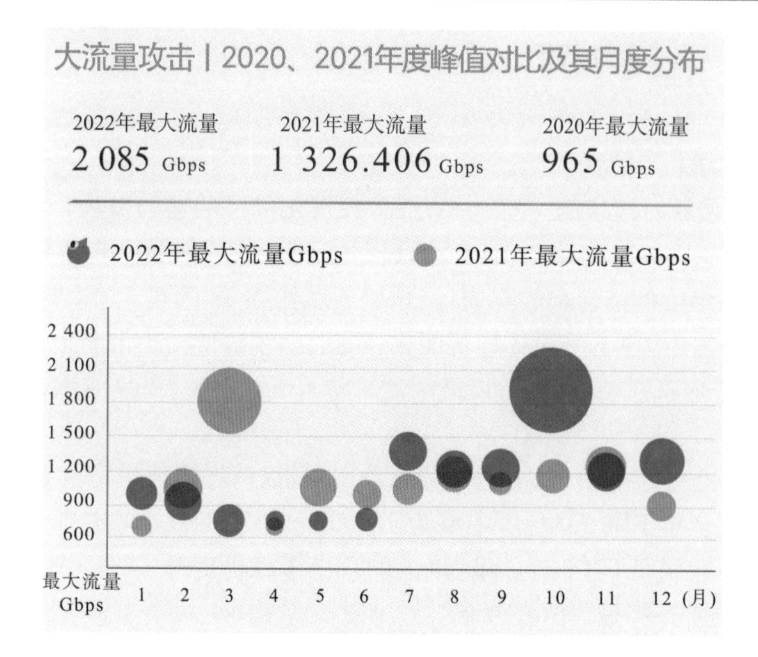

图 6-6　2020、2021 年度峰值对比及其月度分布

3. 资源耗尽型攻击持续处于高水位

TCP 连接型攻击(四层 CC)有 10 个月并发峰值超过 1 000 万/秒。七层 CC 大型攻击事件比往年增加 49%,拦截攻击请求数为 2021 年 2 倍。详见图 6-7。

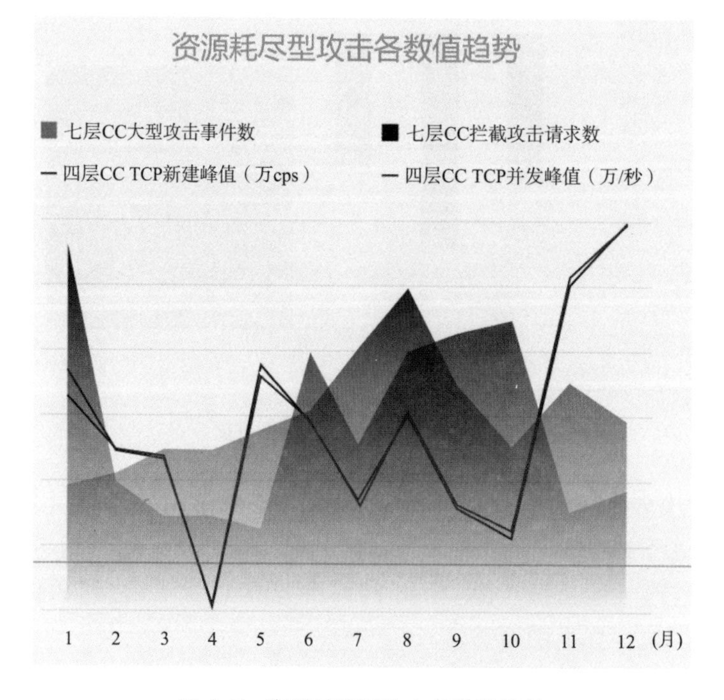

图 6-7　资源耗尽型攻击各数值趋势

4. 海外 DDoS 攻击态势严峻

全年有 10 个月攻击峰值超过 300 Gbps，大流量攻击已成为常态。详见图 6-8。

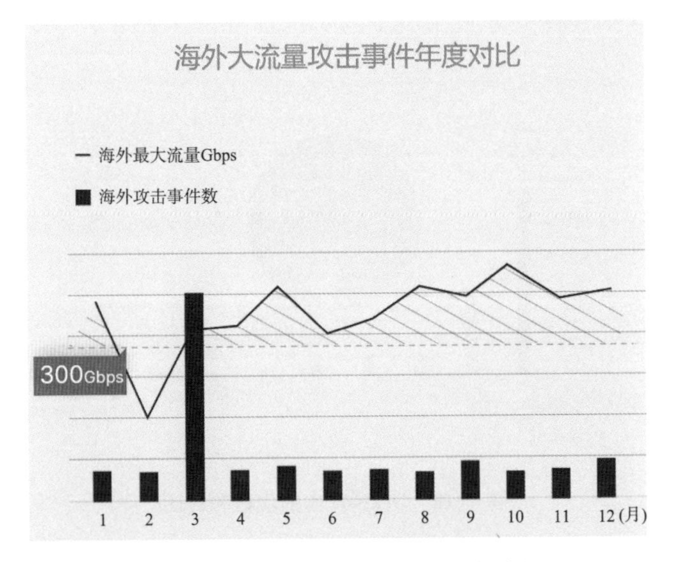

图 6-8　海外大流量攻击事件年度对比

5. UDP 协议利用仍为主要攻击手段，占比达到 47%

2022 年的 DDoS 攻击类型与 2021 年呈现出相同特点，UDP 反射和 UDP 小包攻击占比近 70%，在 UDP 反射中，NTP/DNS/SSDP 为 TOP3 攻击手段。TCP 反射攻击在年初占比较高，其中混合 PUSH-ACK 流量型 CC 攻击在 9 月达到峰值。经分析，核心攻击源来自互联网发达区域，其中亚洲占比 44%。详见图 6-9。

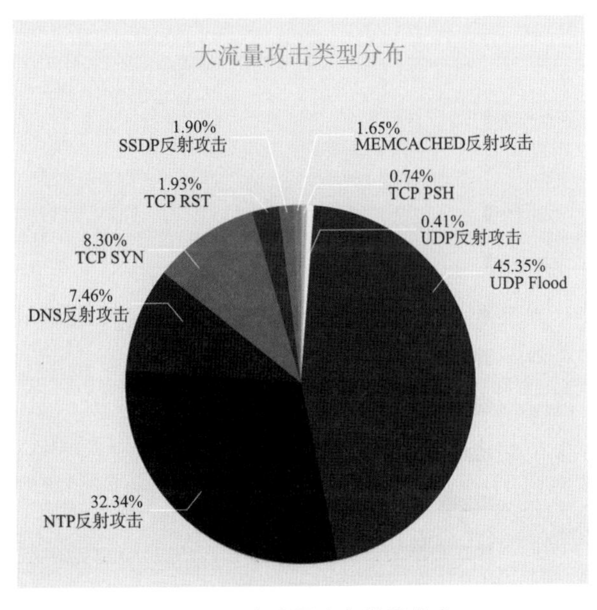

图 6-9　大流量攻击类型分布

6. 互联网行业中的数据服务、基础设施及服务、游戏是DDoS攻击的重灾区

互联网行业依旧为DDoS攻击的核心目标,占比达到78%。其中假期、新版发布、疫情居家等因素往往会导致大流量的对抗攻击。详见图6-10。

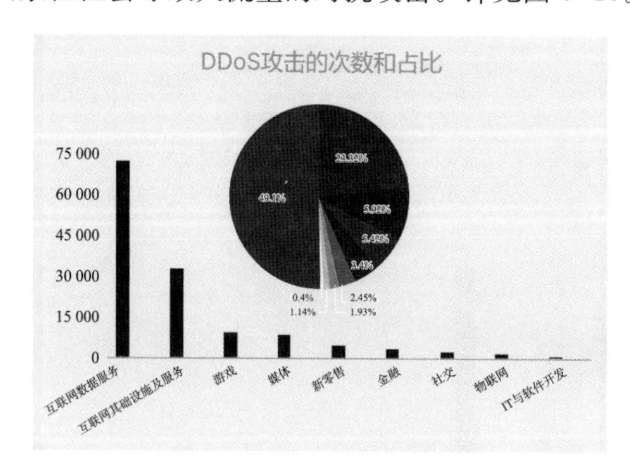

图6-10 DDoS攻击的次数和占比

7. 僵尸网络混合攻击成为主流

根据阿里云安全团队监测到的DDoS攻击数据分析,随着云平台治理和境内执法机构的打击力度增强,2021年所监测到的僵尸网络中控数量为882个,相比历年有所下降。单一的僵尸网络攻击破坏力持续减弱,当前混合攻击手段成为主流,叠加反射流量增大破坏性。

年度捕获的木马中,XorDDoS、Dofloo、Typhoon_AES出现频率最高,其中传统僵尸网络XorDDoS占比达到87.88%,较2021年激增近8倍。详见图6-11。

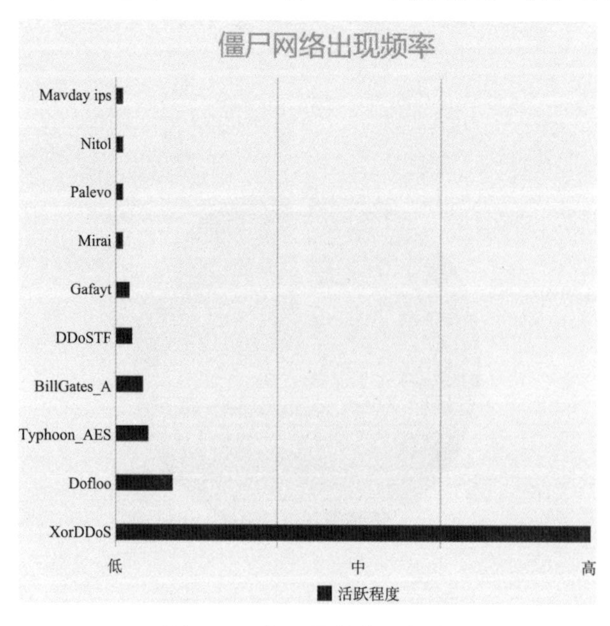

图6-11 僵尸网络出现频率

僵尸网络的攻击源分布方面，位于美国的中控主机占比最高，约为阿里云年度跟踪并清理总数的 33.87%。

8. 海外“肉鸡”数量大幅激增

美洲、亚洲、欧洲仍为 TOP3“肉鸡”分布地，但海外“肉鸡”数量大幅上升，亚洲与美洲相差近 1 亿，相比 2021 年，差距增幅达到 400%。详见图 6-12。

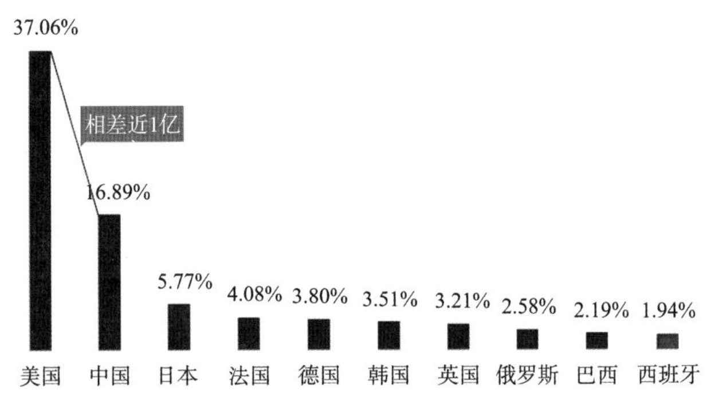

图 6-12　“肉鸡”数量地域分布

9. 典型事件复盘

(1) 超大规模 PUSH-ACK 流量型 CC 攻击防护

2022 年 9 月，阿里云安全团队成功防护了一起峰值 1.06T 超大规模的 PUSH-ACK 流量型 CC 攻击，该攻击采用了 UDP-Flood 和 PUSH-ACK 流量型 CC(占比 70%)的混合攻击方式。详见图 6-13。

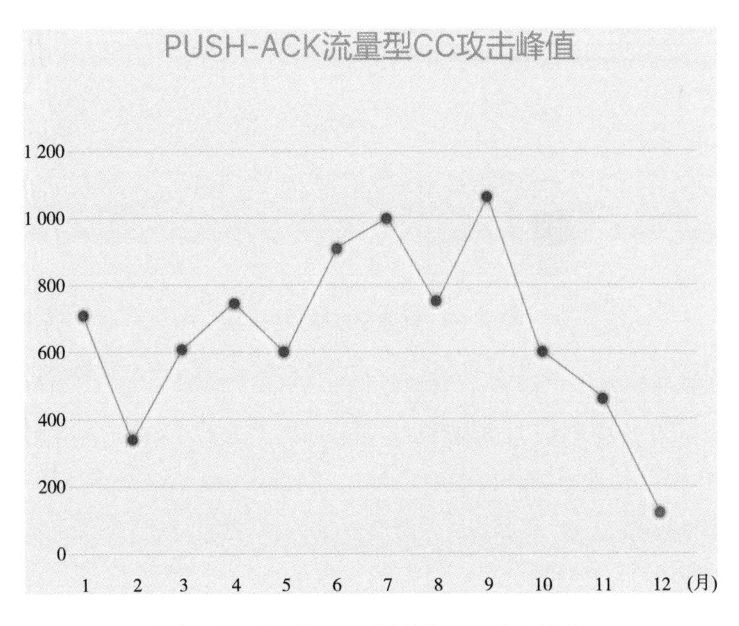

图 6-13　PUSH-ACK 流量型 CC 攻击峰值

近两年 PUSH-ACK 攻击威胁愈发严峻，呈现出以下特点：

① 攻击发起方：大部分由 Mirai 及其变种僵尸网络发起。

② 攻击方式：利用真实 IP 地址，建立 TCP 三次握手，短时间内发送大量顺序/乱序的含随机请求内容的 PUSH-ACK/ACK 攻击报文。

③ 攻击特点：短时间内新建会话数少，但单一会话 PPS 请求量大，通过消耗目标带宽以达到攻击目的。

④ 防护难度：由于可以正常建立 TCP 三次握手，满足协议算法校验，可绕过传统的 Anti-DDoS 防护设备，如仅通过控制源请求速率进行防御，极易出现误漏拦截。详见图 6-14。

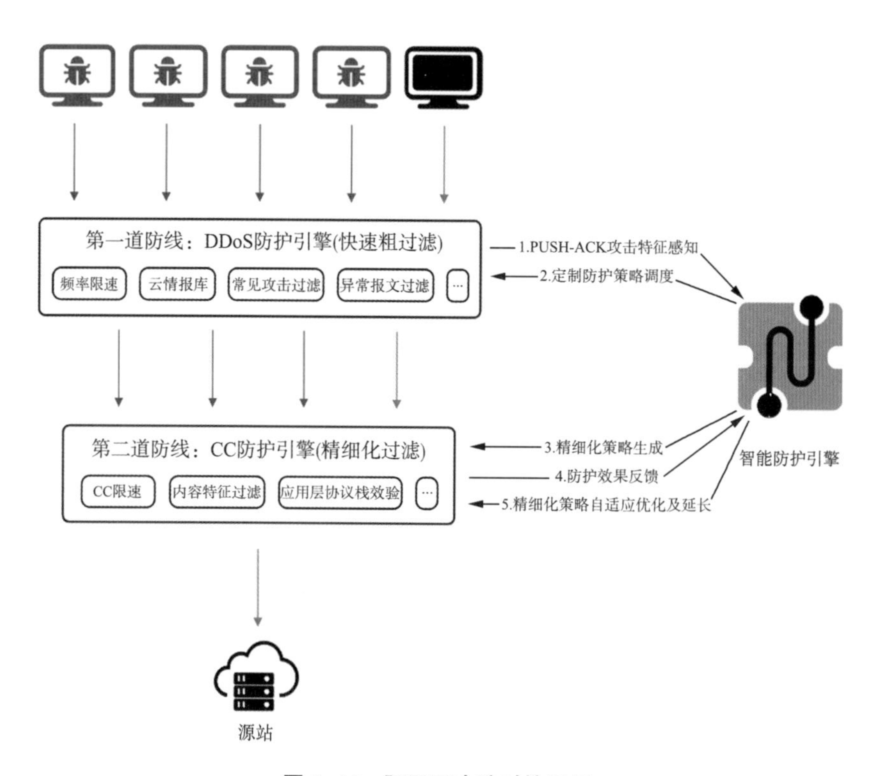

图 6-14　阿里云攻防对抗经历

(2) 应用层分散请求 CC 攻击多策略防护

阿里云每月可监控到数百起随机化部分 HTTP 头内容的应用层 CC 攻击，其特征为 HTTP 头部信息由随机化字符构成，例如 User-Agent 和 URI 等。攻击者多利用分布全球的海量 IP 发起攻击，量级从数千到数十万间不等，每个 IP 均发起低频的攻击请求。

如图 6-15 所示，基于限速的传统防御思路遇到以下挑战，难以有效拦截低频攻击请求：

① 限速阈值高：拦截少量攻击请求，漏过大量攻击请求，对正常请求误伤低。

② 限速阈值低：拦截大量攻击请求，漏过少量攻击请求，对正常请求误伤高。

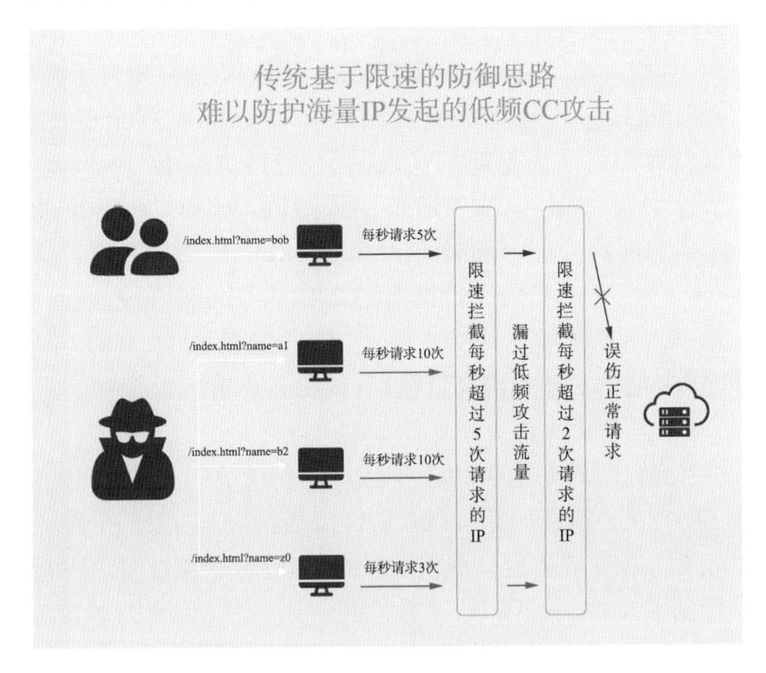

图 6-15　传统基于限速的防御思路

针对此，阿里云从 IP 和 HTTP 头部两方面出发，通过分析恶意请求的特征和随机化内容的潜在规则，自动化生成和下发相应的精准处置策略，以有效拦截恶意请求。详见图 6-16。

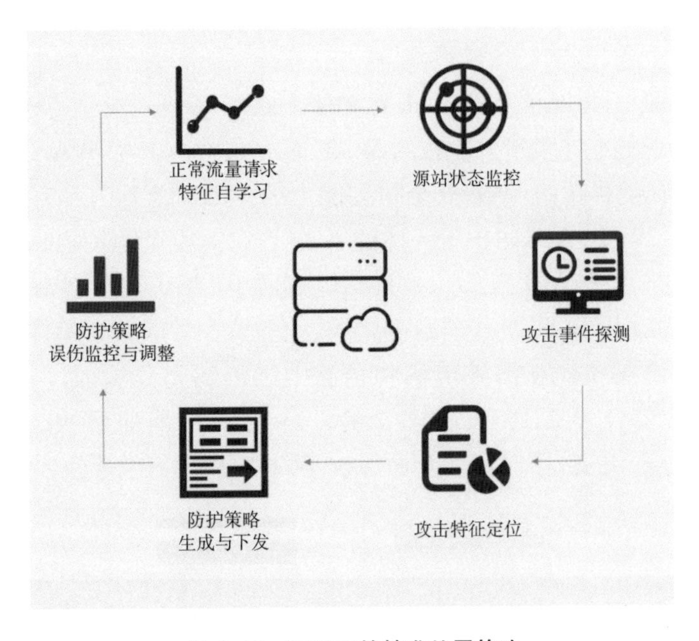

图 6-16　阿里云的精准处置策略

(三) Web 应用攻击数据解读①

1. 高危 Web 漏洞持续爆发

2021 年底核弹级 Log4Shell 漏洞爆发之后,2022 年持续爆发了多个变种漏洞。2022 年网宿安全平台共检测到 2 700 万次针对 Log4Shell 各个变种漏洞的利用。此外,2022 年又持续爆发了大量新的高危漏洞,包括 Apache Fineract 路径遍历漏洞、OpenSSL 安全漏洞、SQLite 输入验证错误漏洞、Atlassian Bitbucket Server 和 Bitbucket Data Center 命令注入漏洞、Apache Commons BCEL 缓冲区错误漏洞等热点漏洞。截至 2022 年底,CNNVD 披露的 2022 年新增漏洞数量为 23 900 个,总漏洞数量相比 2021 年下降了 10.01%,但高危数量相比 2021 年反而增加了 13.07%,说明 Web 漏洞更加趋向高危级别,威胁态势越来越严峻。

2. API 已成为黑产攻击的头号目标

互联网数字化时代,越来越多的企业已经在利用 API 的技术和经济模式来保证竞争力的延续。2022 年在网宿 CDN 平台流通的 API 请求占全平台请求量的 61.3%,随之而来的 API 攻击也呈现出明显增长趋势,全年针对 API 的攻击占比首次突破 50%,达到了 58.4%。Gartner 曾预测,"到 2022 年,API 将成为网络攻击者利用最频繁的载体",如今已得到验证。

3. 传统 WAF 防护无法覆盖多样化的安全威胁

随着企业数字化进程不断推进,企业核心业务在 Web、APP、H5、微信等多渠道上,依托于开放 API 灵活开展,随之而来的 Web 业务攻击面不断增大,DDoS、漏洞利用、数据爬取、业务欺诈等安全威胁层出不穷,传统 WAF 难以覆盖如此多样化的威胁。网宿安全平台 2022 年数据显示,同时遇到 2 种以上威胁的 Web 业务占比达 87%,3 种以上占比高达 65%。

4. WAAP 是全面保护 Web 应用的有效手段

2021 年,Gartner 将多年来发布的 WAF 魔力象限改为了 WAAP 魔力象限,将 WAAP 定义为在提供传统 Web 安全防御能力的 WAF 之上扩展为集 DDoS 防护、BOT 流量管理、WAF、API 防护于一体的下一代 Web 安全防护解决方案。

2023 年,OWASP API Security Top10 新增了"API 缺少对自动化威胁的保护",也说明由自动化 BOT 发起的数据爬取、业务欺诈等威胁必须得到企业重视。

云 WAAP 方案价值在海外市场和企业中已得到充分验证,网宿安全最早于 2017 年发布了契合 WAAP 核心理念的一体化安全加速解决方案,我们认为 WAAP 是 API 驱动的数字时代下全面保护 Web 应用的有效手段。

① 本部分数据来源:网宿科技股份有限公司。

(四)深度伪造换脸诈骗研究[①]

近几年,随着互联网技术以及运算硬件的快速发展,网络诈骗的手段也越来越多样化,网络诈骗案件数量整体呈上升趋势。2023年上半年,国内出现诈骗分子通过AI换脸技术,将受害者亲朋好友的脸替换至自己的脸部,再通过AI语音模拟技术模拟其声音,最终以录制视频或者视频通话的方式让受害者误以为是自己的熟人,从而掉以轻心,完成诈骗。

恒安嘉新利用数据及能力优势,针对这一互联网诈骗的新型热点案例,进行了全面分析研究。

背景介绍:AI诈骗案件跟踪

2023年4月,某市公安局电信网络犯罪侦查局发布一起使用智能AI技术进行电信诈骗的案件,警银联动,成功紧急止付涉嫌电信诈骗资金330多万元。

4月20日11时40分左右,某市某科技公司法人代表郭先生的"好友"突然通过微信视频联系到他,两人经过短暂聊天后,"好友"告诉郭先生,自己的朋友在外地投标,需要430万元保证金,且需要公对公账户过账,所以想要借用郭先生公司的账户走一下账。"好友"向郭先生要了银行卡号,声称已经把钱打到郭先生的账户上,还把银行转账底单的截图通过微信发给了郭先生。基于信任,郭先生没有核实钱是否到账,便于11时49分先后分两笔把430万元给对方打了过去。钱款到账后,郭先生给好友发了一条微信消息,称事情已经办妥。但让他没想到的是,好友回过来的竟然是一个问号。郭先生拨打好友电话,对方说没有这回事,他这才意识到竟然遇上了"高端"骗局,对方通过AI换脸技术,佯装成他的好友对他实施了诈骗。最后,警方和银行在第一时间为郭先生拦截住诈骗账号中的330多万元。

深度伪造技术的出现与发展

深度伪造(Deepfake)是深度学习(Deep Learning)与伪造(Fake)二者的组合词,出现于人工智能和机器学习技术时代。这一概念最早出现在2017年底,当时一个名为Deepfakes的匿名用户在Reddit上上传了多部成人换脸视频。

深度伪造技术一开始专指用基于人工智能尤其是深度学习的人像合成技术。随着技术的进步,深度伪造技术已经发展为包括视频伪造、声音伪造、文本伪造和微表情合成等多模态视频欺骗技术。

深度伪造技术的兴起是人工智能发展到一定阶段的产物,主要依赖人工神经网络,特别是生成对抗网络(GAN)。GAN由两个竞争性人工神经网络组成,一个网络(或称生成器)试图造假,负责生成对抗样本,例如复制照片、音频、视频的原始数据集。另一个网络(或称判决器)负责鉴别伪造数据。基于每次判决迭代的结

---

① 本部分数据来源:恒安嘉新智能安全创新研究院星辰应用创新实验室。

果，生成对抗网络，不断调整参数以创建越来越逼真的数据，直到不断优化的生成器使判决器无法再区分真实数据和伪造数据。

深度伪造不同于以往相对简单的PS图像篡改或是其他的视频、音频篡改技术，而是基于训练样本进行人工智能的深度学习。样本数据越多，计算机对目标对象的模拟就越真实，最后达到以假乱真的地步。深度伪造还结合目标对象的脸型、语音、微表情、笔迹等生物特征进行综合学习，这是以往任何伪造技术所不能比拟的。

1. 深度伪造技术原理及诈骗实现流程

(1) 深度伪造技术原理

深度伪造技术主要通过深度学习视觉相关技术实现，主要通过以下几个模块实现换脸技术：

① 人脸检测

此模块的作用为检测出图片中人脸的位置。换脸工程常用的换脸模型为S3FD、YOLOv5、RetinaFace等知名人脸检测框架，经过检测，输出图中人脸框的坐标位置。详见图6-17。

图6-17　人脸检测模型效果

② 人脸关键点检测

此模块作用为确定图中人脸表情，方式为沿人脸轮廓和五官轮廓标注点。通过大量点的组合确定人脸目前的状态，从而分析出被检测人脸的表情。常用模型为Dlib(68个关键点)、InsightFace 2d106det(106个关键点)、Google FaceMesh(468个关键点)，经过模型检测，输出上述检出点的位置集合，按照指定顺序输出。

③ 人脸特征提取

获取到人脸位置和人脸关键点坐标后，需要将这些获取到的信息转换为人脸特征，通常表现为一个设定好维数的数组，方便计算机后续读取并做二次转换。提

取人脸特征的普遍方法为深度学习卷积神经网络逐层运算，最终编码成指定维数的向量并完成输出。

一个好的人脸特征提取器，需通过长时间的训练和参数优化生成，当一个人脸特征提取器成熟时，提取出来的人脸特征通过解码器还原成的人脸会接近源人脸。详见图 6-18。

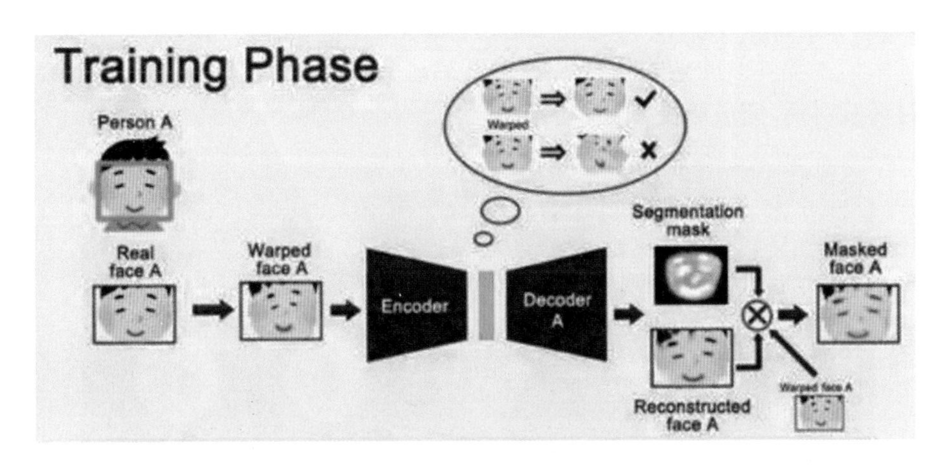

图 6-18　人脸特征编码解码器

④ 人脸对齐

多数情况下，源人脸与目标人脸面部表情不一致，此时需要用到人脸对齐技术，通过人脸的关键点信息，计算两个人脸间的距离，并计算转换矩阵，完成人脸信息的同步。

⑤ 人脸融合

获得对齐后的人脸后，需要将源人脸五官区域拼接至目标人脸区域，拼接后通常会有拼接边缘不自然、人脸肤色差异的问题，需要进行一层图像后处理，操作步骤包括但不限于滤波处理、色彩空间调节、分辨率提升。详见图 6-19。

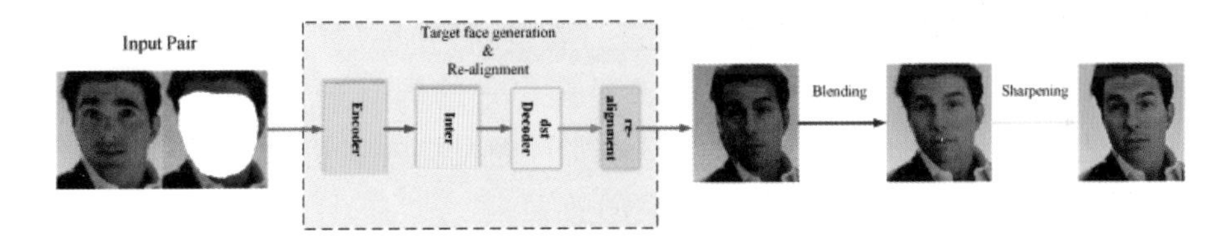

图 6-19　DeepFaceLab 换脸融合

(2) 诈骗实现流程

当犯罪分子通过收集受害者好友的照片、视频等，收集到足量的数据并完成人脸模型的训练，他们就可以成功地将自己的脸替换成受害者好友的样子，但如何让受害者相信这就是其好友呢？录制视频再换脸，将录好的视频发给受害者，会让受害者起疑心，他会第一时间向朋友询问情况以确认真假，便会导致诈骗的失败。最佳的方式是能直接和受害者进行实时的互动,能直接通过最可信的方式接触受害者并传达信息,目前来说最有效的方式是实时的视频交流。前述的 AI 诈骗案件中,犯罪分子选择了微信视频的方式让郭先生直接相信了对方是自己的好友并进行了转账,直到转账完成后郭先生再次联系真正的好友,才意识到自己被骗子使用高超的 AI 技术诈骗了。

经过调研,替换微信视频的输入源可以通过 ManyCam 软件实现,ManyCam 可以通过微信视频界面的切换摄像头按键开启,将换脸后的视频作为输入源即可实现实时换脸对话,完成高技术诈骗。详见图 6-20。

图 6-20　微信视频界面的 ManyCam

使用该工具修改微信视频的输入源为换脸工具生成的实时视频,即可实现案件中的微信视频诈骗,更高超的诈骗技术需要搭配 AI 语音生成技术来修改犯罪分子的本音,使得犯罪分子说话更像受害者的亲友。

2. 深度伪造生成工具介绍

(1) 预制换脸视频生成工具

市面上常见的换脸工具通过生成方法可以分为两大类:整脸替换类和表情修改类。整脸替换通常指对人脸五官区域进行替换,替换前后的人脸轮廓、发型以及墨镜眼镜类的配件基本一样;而表情修改呈现出来的伪造方式通常是单张人脸的表情变化,人脸五官的样式不会被替换,修改的是人脸的表情,通常基于一张照片和一段视频,实现让照片跟着视频动起来的效果。

① 整脸替换:ZAO

整脸替换的代表 APP 是 ZAO,他是一款由国内开发的人脸换脸应用程序。ZAO 使用深度学习技术,将用户的面部特征与现有的影视素材进行合成,达到将用户的脸部替换为影视作品中的角色的目的。ZAO 应用程序在 2019 年 9 月推出,短时间内在国内引起了广泛的关注和讨论。用户可以通过拍摄一段短视频或者上传一张照片,选择想要替换的角色,然后应用程序会使用人工智能算法进行面部特征的匹配和合成,最终生成一个带有替换脸部的视频或图片。ZAO 的技术基于深度

学习和计算机视觉领域的人脸识别、关键点检测和姿态估计等技术。它利用大规模的数据集进行训练，以提高人脸合成的准确性和逼真度。

然而，ZAO 应用程序也引发了一些争议和隐私问题。由于其能够将用户的脸部与他人的身份进行合成，所以存在潜在的滥用风险和隐私泄露问题。此外，该应用程序在某些地区也面临着法律和版权方面的限制。详见图 6-21。

图 6-21　ZAO 应用商店截图

具体操作方式为：APP 下载→准备好个人照片→选取 APP 内影视片段→选择想要替换的人脸→生成视频，ZAO 上线的初衷是让观众体验自己和演员对戏的感觉。

② 表情修改：Avatarify

Avatarify 是一款人脸动态化应用，它利用深度学习技术将用户的脸部表情和动作实时应用到虚拟角色或动画人物身上，创造出具有用户自身特征和表情的逼真动画效果。详见图 6-22。

图 6-22　Avatarify 宣传图

该应用的工作原理是基于人脸关键点检测和姿态估计技术。它首先通过人脸检测算法找到用户的脸部位置,然后利用关键点检测算法精确地定位面部特征点,例如眼睛、嘴巴和眉毛等。接下来,通过姿态估计算法获取用户的头部姿态信息,包括旋转和缩放等参数。最后,将用户的面部表情和动作应用到虚拟角色上,通过混合现实技术实现实时的动态效果。通常此类伪造方式也被称为表情迁移伪造,将A视频中的人脸表情同步至B照片中人脸上并生成对应视频。

Avatarify可以与各种视频通话软件或实时视频流配合使用,用户可以在视频通话中实时展示自己的动态化虚拟形象,增加趣味和互动性。此外,用户还可以录制和分享动态化视频,以创造有趣的短视频内容。

Avatarify的应用场景包括社交娱乐、在线会议、虚拟形象表演等。它不仅为用户提供了一种娱乐和创作的方式,还为用户的沟通和表达带来了更加丰富多样的方式和体验。

Avatarify APP之前在国内也引起了不小的轰动,缘于一个吗咿呀嘿的搞怪类视频,其通过上传一个“吗咿呀嘿”的夸张表情视频和一张搞怪对象的照片制作而成,深受大众喜爱。详见图6-23。

图6-23 风靡国内的“吗咿呀嘿”视频

(2) 实时换脸工具:DeepFaceLive

上述介绍的换脸APP中,多数仅供用户搞怪娱乐使用,其技术及响应速度无法用于微信实时视频类诈骗。然而技术日益精进,从最初的需要准备两段视频提取人脸再进行长达数周的训练方可生成这两个人脸的换脸视频,到后来APP背后提供单张图片,然后等待数秒即可生成属于用户个人的换脸影视大作,到现在通过训练一个人脸模型即可实现视频人脸实时高精度换脸,无疑让人感叹技术力的飞迁,但同时也会滋生负面应用。详见图6-24。

DeepFaceLive由老牌换脸工程DeepFaceLab团队二次优化而来,此次优化主要提升了两个方面:一是运算速度,作者介绍RTX 2060算力级别的显卡可达到实时换脸的效果,经个人测试,于GTX 1080显卡上可达到35FPS,符合实时换脸的要求;二是操作界面,此次作者团队开发了一个功能齐全的UI界面,方便零基础用户使用,操作界面中有很多模块可以调节,但采用作者设置好的默认参数即可实现较好的换脸效果。详见图6-25。

其中各个模块的功能介绍如下:

① 文件源:输入换脸图像/视频的所处位置,可选择包含图片的文件夹路径或者某个视频路径。

② 摄像机源:调用摄像头,对摄像头拍摄到的画面中的人脸进行换脸。

图 6-24　直播换脸和带货换脸效果

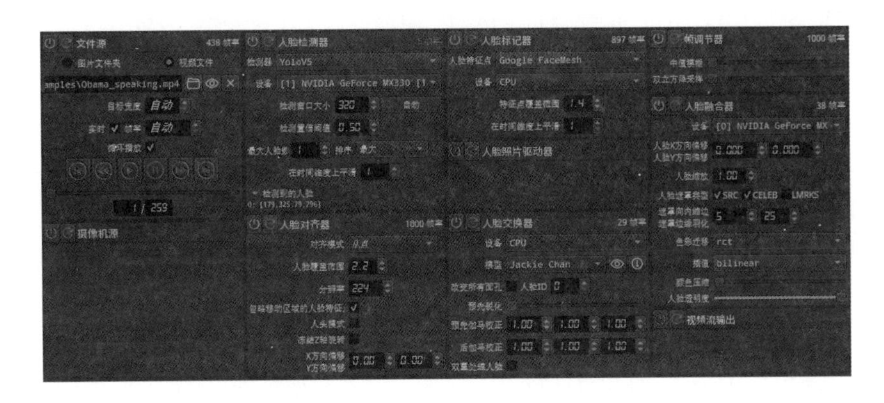

图 6-25　DeepFaceLive 换脸工具页面

③ 人脸检测器:人脸检测,输出人脸左上右下两个角坐标,可选择 YOLOv5/S3FD/CenterFace。

④ 人脸对齐器:矫正人脸,将人脸拉正。

⑤ 人脸标记器:人脸关键点检测,用于计算人脸朝向和表情,可选 FaceMesh/LBF/2D106。

⑥ 人脸照片驱动器:表情迁移,修改图片中人脸表情。

⑦ 人脸交换器:选择要替换的人脸模型,需要训练好的人脸特征,作者提供了30个人脸。

⑧ 人脸融合器:拼接人脸,将拼接边缘自然化。

⑨ 视频流输出:选取输出图片的保存路径。

诈骗分子采用摄像机源打开电脑摄像头读取自己的脸部信息,人脸检测器检测人脸位置,人脸标记器记录自己的五官关键点分布,在人脸交换器中选取自行训练好的被害者亲友的人脸特征模型,最终采用人脸融合器输出合成图像作为视频源,并通过微信读取来完成诈骗的准备工作。

3. 私有化换脸模型训练生成及成本分析

本部分将针对如何制作个人特制化的人脸模型进行介绍,目前DeepFaceLive的作者团队开放了30个人脸模型,均为知名明星。但对犯罪分子来说,明星类的换脸模型显然无法用于诈骗,他们需要被害者亲友的人脸模型来完成人脸替换,那么犯罪分子需要训练生成自己的模型,此步骤需要一定的技术基底,下面将进行详细介绍。

(1) 训练流程:环境、数据、代码

① 环境

软件中需要的人脸特征模型为DFM格式,该格式由作者团队提出,调用DeepFaceLab开源工程中指定脚本即可实现数据制作清洗、模型训练输出和模型转换等一系列流程。

首先需要配置运行环境,以恒安嘉新自有服务器为例,训练深度学习模型需要具备显卡来提升训练的速度,CPU计算速度过低将导致训练一个模型的时间成本大幅度增加。然后针对操作系统,DeepFaceLab团队提供了所有版本的脚本,脚本内容都是一致的,区别在于当用户的系统连有桌面端显示器时,可以实时观察训练效果,人脸生成的效果对比图将实时显示方便人工审核观看决定是否训练到位。当操作系统确定后,就需要安装软件部分,首先需要安装Python语言环境,版本建议3.7+,随后安装运行脚本需要的三方库,具体如图6-26所示。

```
tqdm
numpy==1.19.3
numexpr
h5py==2.10.0
opencv-python==4.1.0.25
ffmpeg-python==0.1.17
scikit-image==0.14.2
scipy==1.4.1
colorama
tensorflow-gpu==2.4.0
pyqt5
tf2onnx==1.9.3
```

图6-26 requirement.txt中内容

② 数据

对于深度学习,行业内的普遍认知是,数据集决定了你的上限,而网络模型以及内部参数的调整只是无限地逼近这个上限。所以,一个好的数据至关重要,作者在项目的issue中提到过建议使用不少于5 000张的包含多个角度和背景情况的高清人脸图像来组成数据集,但这个要求不好达到。目前作者提供的开源模型都是

明星的原因是，网络上各种视频图片很多且很容易收集，而针对诈骗案件，犯罪分子可以收集到的受害者亲友的照片有限，后续将针对训练数据的数量以及训练出来的效果进行介绍。数据的格式接受视频和图像，视频需放在指定位置方便脚本读取，而图片可直接放入数据文件夹内并跳过视频切帧步骤，视频需命名为 data_src. mp4 和 data_dst. mp4。

③ 代码

本段将针对 Linux 版本的 DeepFaceLab 进行介绍，作者预先提供了约 50 个 sh 脚本，方便用户调用，sh 脚本内嵌了调用 Python 脚本的大量指令。如图 6-27 所示。

```
(deepfacelab) root@9cf8b145843f:/home/DeepFaceLab_dfm/scripts# ls
1_clear_workspace.sh                           5_XSeg_data_dst_trained_mask_remove.sh
2_extract_image_from_data_src.sh               5_XSeg_data_src_mask_apply.sh
3.1_denoise_data_dst_images.sh                 5_XSeg_data_src_mask_edit.sh
3_extract_image_from_data_dst.sh               5_XSeg_data_src_mask_fetch.sh
4.1_download_CelebA.sh                         5_XSeg_data_src_mask_remove.sh
4.1_download_FFHQ.sh                           5_XSeg_data_src_trained_mask_remove.sh
4.1_download_Quick96.sh                        5_XSeg_generic_wf_data_dst_apply.sh
4.1_download_XSeg_generic.sh                   5_XSeg_generic_wf_data_src_apply.sh
4.2_data_src_sort.sh                           5_XSeg_train.sh
4.2_data_src_util_add_landmarks_debug_images.sh 5_data_dst_extract_faces_MANUAL.sh
4.2_data_src_util_faceset_enhance.sh           5_data_dst_extract_faces_MANUAL_RE-EXTRACT_DELETED_ALIGNED_DEBUG.sh
4.2_data_src_util_faceset_metadata_restore.sh  5_data_dst_extract_faces_S3FD.sh
4.2_data_src_util_faceset_metadata_save.sh     5_data_dst_extract_faces_S3FD_+_manual_fix.sh
4.2_data_src_util_faceset_pack.sh              6_export_AMP_as_dfm.sh
4.2_data_src_util_faceset_unpack.sh            6_export_SAEHD_as_dfm.sh
4.2_data_src_util_recover_original_filename.sh 6_train_Quick96.sh
4_data_src_extract_faces_MANUAL.sh             6_train_Quick96_no_preview.sh
4_data_src_extract_faces_S3FD.sh               6_train_SAEHD.sh
5.2_data_dst_sort.sh                           6_train_SAEHD_no_preview.sh
5.2_data_dst_util_faceset_pack.sh              7_merge_Quick96.sh
5.2_data_dst_util_faceset_unpack.sh            7_merge_SAEHD.sh
5.2_data_dst_util_recover_original_filename.sh 8_merged_to_avi.sh
5_XSeg_data_dst_mask_apply.sh                  8_merged_to_mov_lossless.sh
5_XSeg_data_dst_mask_edit.sh                   8_merged_to_mp4.sh
5_XSeg_data_dst_mask_fetch.sh                  8_merged_to_mp4_lossless.sh
5_XSeg_data_dst_mask_remove.sh                 env.sh
```

图 6-27　DeepFaceLab-linux 脚本列表

操作步骤为：

a. bash env. sh 初始化运行，脚本将创建好需要的文件夹。

b. bash 2_extract_image_from_data_src. sh 切帧 src. mp4 提取图片。

c. bash 3_extract_image_from_data_dst. sh 切帧 dst. mp4 提取图片。

d. bash 4. 2_data_src_sort. sh 排序 src 图片，通过直方图/模糊度等指标。

e. bash 4_data_src_extract_faces_S3FD. sh 提取 src 图片中人脸并矫正。

f. bash 5. 2_data_dst_sort. sh 排序 dst 图片。

g. bash 5_data_dst_extract_faces_S3FD. sh 提取 dst 图片中人脸并矫正。

h. bash 6_train_SAEHD_no_preview. sh 开启训练，有桌面端建议运行 6_train_SAEHD. sh，通常需要大量的时间让模型持续学习，判断训练完毕的方式有两种：肉眼观察生成效果和观测损失函数数值小于 0. 1。

i. bash 6_export_SAEHD_as_dfm. sh 将 SAEHD 模型转换为 DFM 模型。

经由上述步骤后将得到一个 DFM 模型，DeepFaceLive 软件读取后可用于人脸生成。

（2）DeepFaceLab 视频合成效果展示

在条件有限的情况下，犯罪分子进行诈骗时，无法支持实时的换脸，也会选择较简单的方式,也就是提前制作好一段视频,通过微信视频切换播放源播放视频,营造出一个很急迫的状态,迅速说完一大段话表述自己的状态后预测对方的台词进行简单回话,同样可以营造出实时对话的效果。用户一般会认为微信视频读取的摄像头内容一定是拍摄到的实时场景,便加大了信任度。

基于此,设计一组实验,将某知名韩星的脸部替换至某视频平台下载的整脸讲课视频,符合微信视频对话样式,两段视频时长分别为 1 分钟和 3 分钟,提取出有效人脸 100 张和 600 张,开启训练,训练过程中可观察到人脸生成的效果。详见图 6-28。

图 6-28　DeepFaceLab 训练初期和末期效果展示

可以看出,随着训练轮次的增加,在训练 12 个小时,共计 200 万轮次后,生成的人脸开始逐渐接近原人脸,可以用于人脸替换,替换完成后效果下图 6-29 所示。

图 6-29　人脸合成效果

经过观察发现,生成的人脸表情无法和被替换的原表情一致,出现这个现象的原因是训练采用的图片过少,其中可学习的人脸表情分布较少,导致在生成时无法找寻到接近的表情,但简单合成后的效果已然可以让被害者相信这就是自己的亲友,从而完成诈骗。

（3）DeepFaceLive 实时换脸训练效果对比总结

此模块本将介绍在训练数据有限的情况下人脸特征模型可以达到的效果，但由于训练资源有限，单次训练耗时较长，目前正在训练的模型已经持续了一整周，损失函数值由初始的1＋降低到了0.6，处于缓慢下降的状态，生成的效果肉眼可见地变好，但是距离可用的状态还有一段距离，故本部分将基于已完成的两组实验和一组正在训练中的实验来逐一介绍。

第一组：选择100张某讲师百度人像图，平均分为两组放入src和dst文件夹，由于训练图像数量少，可一天拟合完毕，损失函数值低于0.1。模型转换完毕后测试，效果欠佳，可看出大致五官分布，但边缘模糊有伪影，同时无法生成对应表情。

第二组：选择抖音平台两段5分钟视频，选取脸部较清晰的说话视频，表情变化不大，截取人脸后人工筛选，有效人脸约三四千张，持续训练三天，指标符合要求，但测试发现人脸五官特征不齐全，缺失右眼信息。产生这种现象的原因是训练数据多样性有限，数千张图像中人脸的角度一致、表情有细微变化，在生成时人脸朝向轻微的变化即会导致人脸效果欠佳。

第三组：从微博选取某明星1分钟视频，dst文件夹内加入人脸数据集中随机选取的1万张人脸，这么做的好处是人脸的样式和表情每张都不一样，可以学习得更充分，截取明星有效人脸数100余张，训练持续一整周，损失函数下降至0.6，尚未达到可测试的标准。

经过数组的训练尝试，初步得出以下结论：想得到一个好的通用模型（即适配所有人脸和所有表情），训练的两组人脸数据皆需5 000＋数据量，包含各种角度、各种背景、各种亮度，数据种类越全最终的效果越佳，这种情况下训练占据1080显卡全部显存（近8G），耗时约一周；而犯罪分子通过社交平台无法收集到被害者亲友如此多的图片，通常数据量比较有限，情况更接近第三组。在这种情况下，由于训练数据的缺失，训练耗时大幅度增加，模型收敛缓慢，预计单卡1080（Peak FP64＝277.3 GFLOPS）需要一个月时间。

4. *深度伪造对抗及防范*

随着AI介入诈骗领域，原有的反诈技术失去作用，民众受骗的概率大幅提高，对抗需要采用新的方法。恒安嘉新视觉算法团队针对深度伪造方式及其伪造工具进行对等的AI反制，采用AI模型寻找深度伪造的细微特征，达到用AI牵制AI的目的。

目前恒安嘉新针对开源APP如ZAO、去演等可达到99％的检出率，针对最新的DeepFaceLive工具生成的换脸图像可达到98％的检出率，针对开源换脸数据集可达到92％的检出率。进行市场横向比较，使用同一个种类丰富的测试数据集，友商A系统检测准确率为67％，友商B系统检测准确率为93％，而恒安嘉新引擎检测准确率达到95％，达到市场前列水准。

恒安嘉新视觉组提出的EverDFNet引擎可以实现深度伪造检测功能，该引擎核心网络基于知名网络修改架构而来,目前核心网络已申请发明专利,处于在审公开状态。引擎同样包含送入核心网络前的前置模块:人脸检测、人脸关键点检测、人脸矫正模块,这些模块均经过大量测试对比选取最优网络而定,再经过人脸状态判断模块,此模块作用为过滤掉容易造成大量误检的真实数据,通过先验经验和对数据的大量观察而开发部署,随后数据经过核心网络完成研判,输出结果并展示在智能展示平台中。详见图 6-30。

图 6-30 EverDFNet 智能引擎页面

通过恒安嘉新深度伪造检测模块,深度伪造换脸的甄别准确率大幅提高至 90%以上,同时恒安嘉新将持续追踪最新深度伪造造假工具,提升模型对最新工具的检出能力,尽力保护人民的生命财产安全。

面对这类诈骗,普通群众也要具备相应的防范意识,牢记以下几点:

① 微信视频来源可以篡改,你看到的只是对方想让你看到的。

② 好友视频不可信,尤其是非好友常用微信号发来的视频。

③ 转账前多渠道多方式地和好友本人确认。

④ 仔细甄别好友的脸型,目前深度伪造技术以修改五官区域为主,脸型伪造较少。

(五) 总结

纵观全国移动应用安全现状,应用的漏洞、隐私违规问题最为突出,盗版仿冒、数据境外传输等安全威胁同样不容小觑,应对各类风险,需要各方力量共同参与。

作为 APP 开发和运营企业,应当加强对自身 APP 的安全防护并严格遵守《中华人民共和国网络安全法》、《中华人民共和国数据安全法》和《中华人民共和国个人信息保护法》等法律法规,履行应尽责任和义务,认真落实国家互联网信息办公

室秘书局、工业和信息化部办公厅、公安部办公厅、国家市场监督管理总局公办厅联合制定的《常见类型移动互联网应用程序必要个人信息范围规定》。

作为监管部门、应当针对 APP 不同类型的威胁及时更新相应的法律法规，加强对应用分发平台的监管，督促应用商店落实好平台责任，强化 APP 上架审核机制，加强监管 APP 运营者过度索取用户信息的行为，加大违法违规收集使用个人信息行为发现、曝光和处置力度。

对于用户而言，需要提高安全意识，下载 APP 时要认准官方网站或者主流应用市场，警惕陌生链接、二维码等。另外，要注意保护个人隐私，防止信息泄露而造成财产损失。